식 품 가 공 공 정

Food Processing Process

장재권 저

석학당 출판사
www.shdbooks.co.kr

머 리 말

오늘날 과학의 급격한 발달과 산업의 발전으로 인하여 식생활의 양상은 크게 변모하였고 이에 따라 식품제조기술을 익혀 식품회사로의 취업 및 소규모로 식품을 제조하여 판매하기를 희망하는 창업에 대한 관심이 증가되고 있다.

본서는 과학적인 식품의 생산과 저장 및 영양성분 및 기호성 등을 고려하여 식품재료에 적합하고 가장 합리적인 제품을 생산하는 복잡한 식품생산가공기술에 대하여 요점정리하였다. 즉, 광범위한 가공기술을 가능한 쉽게 표현하여 시간적인 제약을 받는 학생들에게 식품가공기술 및 공정에 대한 개념을 이해하기 쉽게 표현하고 가공기술에 대한 식품산업기사의 준비서로서 활용할 수 있도록 노력하였다. 특히 식품가공기술은 FTA 협상으로 국가간 교역이 증대됨에 따른 국내산 식재료를 이용한 고품질의 안전한 식품개발을 위해 필요한 분야라고도 할 수 있다. 이에 더하여 시대가 점차로 고령화 시대로 전환되면서 안전하고 건전하고 완전한 식품의 생산 및 소규모 창업을 위해서도 식품제조가공기술에 대한 지식이 필수적으로 요구되는 추세라고 할 수 있다. 미흡한 지식으로 많은 부족함이 있으나 학생들에게 식품가공에 관한 공정이해서가 되기를 바라는 마음 간절하다.

끝으로 도움을 주신 서하당의 윤용호 사장님과 관계자 분들께 감사드리는 바이다.

2020년 01월 10일

저자 씀

목 차

Chapter 1. 식품제조공정

Chapter 2. 기출문제 문제풀이

Chapter 3. 기출문제 20문항

Chapter 1

식 품 제 조 공 정

1. 선별

1) 선별의 정의

선별은 수확한 원료에 불필요한 화학적물질(농약, 항생물질), 물리적물질(돌, 모래, 흙, 금속, 털 등) 등을 측정 가능한 물리적 성질을 이용하여 분리 · 제거하는 공정으로 크기, 모양, 무게, 색의 4가지 물리적 특성을 이용한다. 이때 재료의 손상을 막아 가공 후 제품의 품질손실을 방지한다.

(1) 무게에 의한 선별

육류, 생선류, 과일류, 채소류, 달걀류 등을 무게에 따라 선별하여 가공 재료로 사용하는데, 다른 방법들보다 더 정확하기 때문에 가장 일반적인 선별 방법 중의 하나이다. 육류, 생선필레, 사과, 배, 오렌지와 같은 과일류와 감자, 당근, 양파와 같은 채소류와 계란 등은 모두 무게로 선별하여 가공원료로 사용한다.

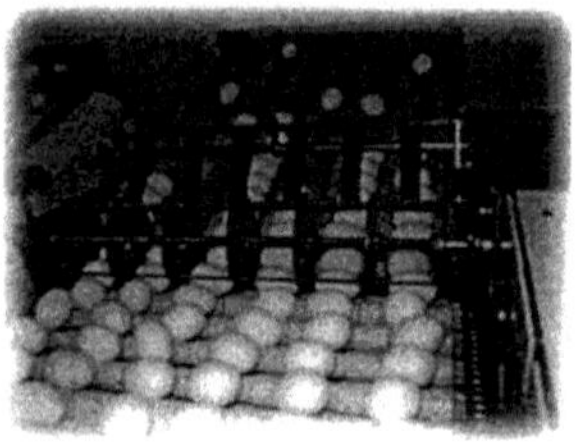

그림 1-1. 계란 선별기

(2) 크기에 의한 선별(사별공정)

두께, 폭, 지름 등의 크기에 의해 선별하는 방법이다. 덩어리나 가루를 일정 크기에 따라 진동체나 회전체를 이용하는 체질(sieving)에 의해 선별하는 방법과 과일류나 채소류를 일정 규격으로 하여 선별하는 방법이 사용된다. 크기 선별기에는 단순체 스크린(flat bed screen), 드럼 스크린(drum screen) 등을 이용한 스크린 선별기, 롤러 선별기, 벨트식 선별기, 공기를 이용한 선별기가 있다.

Mesh 체의 크기

크기에 의한 선별에서 체의 크기단위 : 1인치의 제곱(가로 2.5cm×2.5cm) 면적 안의 구멍 수 → 100mesh는 1인치의 제곱에 100개의 체 눈이 있다는 뜻으로 mesh가 클수록 가는 채를 의미

크기 선별과 무게 선별을 같이 사용하는 경우가 많은데, 크기에 의한 선별보다 더 정확하게 선별할 수 있다. 무게 선별기에는 기계 선별기, 전기-기계 선별기, 물을 이용한 선별기(hydrostatic transducer) 등이 있고 요즘은 컴퓨터를 이용한 자동적으로 처리하는 선별 방법도 쓰이고 있다.

그림 1-2. Multi-deck flat bed screen

(3) 모양에 의한 선별

쓰이는 형태에 따라 모양이 다를 때(둥근 감자, 막대모양의 오이, 균일한 모양의 서양배 등), 사용한다. 모양 선별기는 회전시키는 실린더의 수평으로 통과시켜 비슷한 모양을 수집하는 실린더형과 특정 디스크를 회전시켜 수직으로 진동시키면 모양에 따라 각각의 특정 디스크 별로 선별시킬 수 있는 디스크형이 사용되고 있다. 일반적으로 과일류는 Belt roller sorter를 많이 이용하며, Variable-aperture screen은 구멍크기가 연속적 또는 단계별로 변하는 것으로, 주로 과일처럼 쉽게 손상 받는 식품에 사용된다.

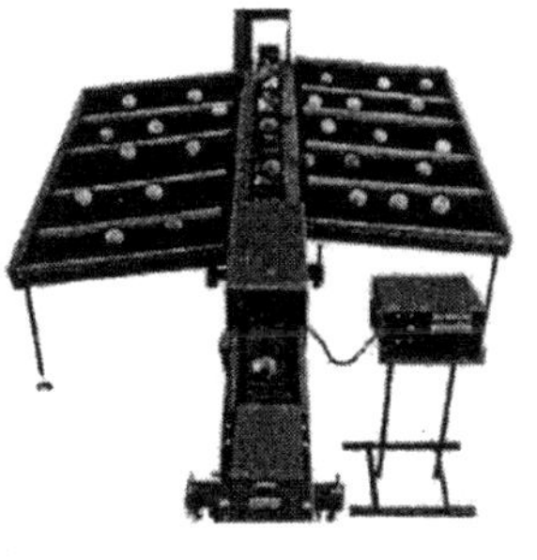

그림 1-3. Belt-roller sorter(과일선별기)

그림 1-4. Variable aperture screen (여러 크기의 구멍을 이용한 과일선별기)

(4) 광학에 의한 선별

스펙트럼의 반사와 통과 특성을 이용하는 X-선, 가시광선, 마이크로파, 라디오파 등의 광범위한 분광 스펙트럼을 이용해 선별하는 방법이다. 통과특성과 반사특성을 이용하는 선별 방법으로 나뉜다.

통과특성을 이용한 선별은 식품에 통과되는 빛의 정도를 기준으로 선별하는 방법이다. 달걀류의 이상 여부 판단, 과일류나 채소류의 성숙도, 중심부의 결함 등을 선별하는데 이용한다. 반사 특성을 이용한 선별은 빛의 산란, 분산, 반사 등의 성질을 이용해 선별하는 방법이다. 식품에 빛을 비추었을 때 색깔의 정도, 표면 손상의 여부, 결정체의 여부 등을 결정하여 선별한다.

그림 1-5. 광학선별기

2. 세척(Cleaning or Washing)

1) 세척의 정의

세척은 가공에서 매우 중요한 공정으로 식품 재료의 불순물이나 부착된 오염물 등을 분리 제거하는 방법으로 선별과 함께 실시하기도 한다. 세척공정은 가공원료에 부착된 오염물질을 제거하는 것뿐만 아니라 과일과 채소의 탈피(peeling), 표면기름제거(skinning), 생선의 표면세척(descaling), 데치기(blanching) 등도 일정의 세척공정이다. 세척의 3단계는 세척제가 함유된 세척액을 고체 표면이나 오염물 표면에 담그는 예비 세척, 오염물질을 표면에서 분리시키는 중간 세척, 식품 재료의 재오염을 방지하는 후세척이다.

- 세척제
  - 천연비누
    - hard soap(RCOONa)
    - soft soap(RCOOK)
  - 무기세척제
    - caustic soda(lye, NaOH)
    - soda ash(Na_2CO_3)
    - 중인산염(polyphosphate)
  - 합성세제
    - 음성세제
      - ABS(경성세제)
      - LAS(연성세제)
    - 양성세제 제4급 이민
    - 중성세제 — epoxide

또한 식품가공기계나 공장내부는 자주 세척해야 한다. 세척방법으로는 세척할 표면과 제거할 물질의 성질에 따라 달라지는데, 흙은 약알칼리성 세제, 유지는 강알칼리, 경수에 의한 스케일은 약산성 세제, 공병 세척은 묽은 수산화나트륨 용액을 사용한다. 강산 세척제는 금속, 직물, 목재, 고무, 콘크리트를 부식시키고 강알칼리는 금속, 유리를 부식시키므로 식품공업에서는 약알칼리성 세제와 중성세제를 사용한다.

2) 세척공정

(1) 건식세척

건식세척법은 체치기, 흡인, 연마, 자력선별법 등이 있다. 수분함량이 적은 식품원료(곡류, 견과류 등)의 표면이 건조된 상태로 되면 비용이 저렴한 편이지만 재오염의 가능성이 높다. 건식 세척의 방법은 체의 크기를 이용하여 식품재료와 오염물이나 이물질을 제거하는 가장 일반적 방법인 체 분리기(screening separator), 공기를 이용하여 무겁고 가벼운 이물질을 제거하는 송풍분류기(air classifier), 금속을 제거하는 자력선별기(magnetic separator), 정전기로 먼지를 제거하는 정전기적 세척기 등이 있다. 마지막으로 식품재료들이 서로 부딪히거나 식품재료와 세척기의 움직임에 의해 생기는 부딪히는 힘으로 오염물질을 제거하는 세척방법인 마찰세척이 있다.

(2) 습식세척

습식세척법은 물, 수증기, 침지, 분무, 샤워, 부력세정, 초음파세정, 여과 및 침강분리 등이 있다.

근채류의 토양제거 또는 먼지와 농약 잔류물질을 제거하는 데 효과적인 습식세척은 식품원료의 손상을 감소시켜 줄 뿐만 아니라 매우 단단하게 부착된 이물질을 제거하는 데 효과적이다. 그러나 습식세척은 비용이 들고, 표면이 젖은 곳이 빨리 부패하게 되고, 폐수처리의 비용이 발생하게 된다.

세척제를 사용하여 식품 표면에서의 흡착, 침적, 용해, 분산 등의 화학 반응과 확산, 이동 등의 물리적 작용으로 제거시키는 과정이다. 습식세척에는 원료를 물에 담가서 부착된 오염물질을 팽연시켜 제거하는 침지세척(soaking cleaning)과 분무세척(spray cleaning), 오염물질의 부력차이을 이용한 부유세척(flotation cleaning), 그리고 계란의 오염물, 과일의 그리스나 왁스, 채소류의 모래나 흙 제거 등에 사용하는 초음파 세척(ultrasonic cleaning) 등이 있다.

3. 분쇄(Pulvarization)

1) 분쇄의 정의

고체 분자 사이의 결합력을 파괴시키는 조작이다. 식품재료를 작게 분쇄하는 데는 절단, 마쇄, 균질화 등이 있다. 분쇄목적은 성분의 추출이나 분리를 쉽게 하고, 품질을 향상시키고, 표면적을 확대하여 건조 및 추출속도를 빠르게 하고, 열효율을 높여서 가열시간을 단축하고, 다른 재료와 혼합시킬 때 균일하게 하고, 반응속도를 빠르게 하는 데 있다.

식품의 원료가 너무 커서 사용하기 적합하지 않을 경우로, 원료가 고체인 경우는 연마 또는 절단이라고 하며, 액체의 경우에는 균질화 또는 유화라고 한다. 각 성분의 분리와 혼합을 쉽게 하여 건조나 용해성을 높이고 기호성 증가를 목적으로 고체 물질에 압축, 충격, 마찰, 비틀림(전단)의 힘을 가하여 성분의 변화 없이 그 입도의 크기를 작게 하는 것이다. 분쇄 원료 수분 함량에 따라 습식 분쇄와 건식 분쇄로 구분한다. 분쇄기의 종류는 원료의 분쇄정도에 따라 조분쇄기, 중간 분쇄기, 미분쇄기, 초미분쇄기로 분류하고 분류하고 분쇄의 원리에 따라 압축형, 충격형, 마찰형, 절단형, 혼합형으로 분류한다.

(1) 분쇄의 이점

① 이용가치의 향상

② 혼합용이

③ 표면적 상승으로 화학반응, 건조, 추출, 용해, 증자 등이 용이

④ 조직의 파괴로 성분의 추출 및 분리용이

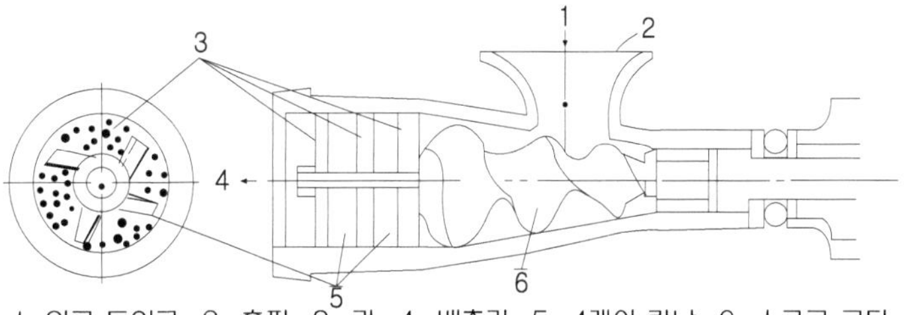

1. 원료 투입구 2. 호퍼 3. 관 4. 배출기 5. 4개의 칼날 6. 스크류 로터

그림 3-1. 조퍼

(2) 분쇄의 작용력

① 압축력

② 전단력

③ 절단력

④ 충격력

2) 분쇄에 이용되는 기계의 형태

(1) 섬유상식품의 분쇄

대부분의 고기와 과일 및 야채는 섬유상식품으로 규정할 수 있다. 고기는 냉동 후에 동결점이하에서 숙성시켜야 자르기 쉬우며 과일과 야채는 실온이나 냉장온도에서 자르게 된다.

① Slicing 장치 : 회전하거나 왕복하는 날로 절단한다.(예: 어묵의 생선)

② Dicing 장치 : 야채와 과일 및 고기용으로서 식품은 처음에 sclice 되고 난 후에 회전하는 날에 의해서 조각으로 잘린다.

③ Flaking 장치 : 견과류와 고기용으로 slicing 장치와 유사하다. 날의 형태와 간격으로 flake(얇은 조각)를 조절한다.

④ Shredding 장치 : 내부에 날을 가진 2개의 동심원의 원통형 cage가 서로 반대방향으로 회전하면서 전단력과 절단력이 식품에 작용된다.

⑤ Pulping 장치 : 과일이나 야채에서 즙을 추출할 때와 Puree와 Pulped meat에 사용되며, 압축력과 전단력이 적용된다. Chop meat와 단단한 과일 및 야채를 거친 펄프로 만들 때는 bowl chopper가 사용된다(소시지와 민스미트).

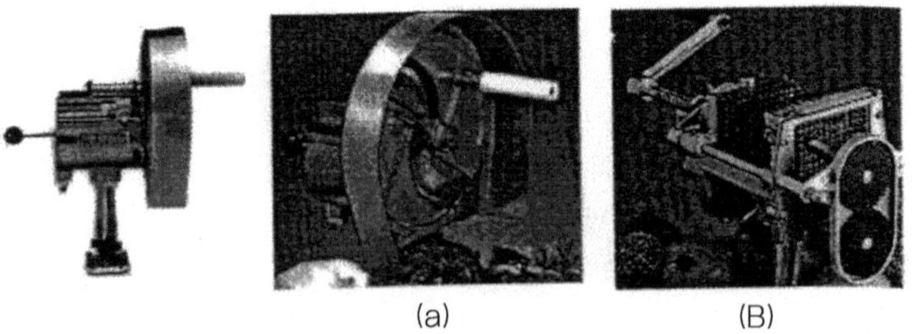

(a) (B)

그림 3-2. Slicing 장치(a)와 dicing장치(B) (Nemco Food Equipment)

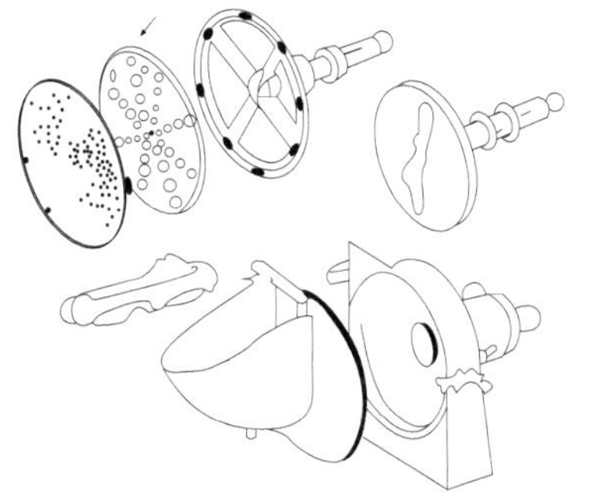

그림 3-3. Shredding 장치

(2) 입자크기에 따른 분쇄기

분쇄는 건식분쇄와 습식분쇄가 있다. 입자 크기에 따라서 조분쇄기 · 세분쇄기 · 미분쇄기가 있고, 분쇄 원리에 따라서는 압력 분쇄, 충격 분쇄, 전단력 마쇄 등이 있다. 마쇄(grinding)는 초퍼(chopper)로 고기를 갈거나 맷돌(grinder)로 곡류나 두류를 분쇄하는 맷돌형 제분기, 원추철구형 제분기, 롤(roll)형 제분기, 볼밀(ball mill)등이 있다.

① 조분쇄기(coarse cursher)

예비 분쇄기라고도 하며 조분쇄기(jaw crusher)와 임팩트 분쇄기(impact crusher)가 있다. 원료의 분쇄 크기를 4~5cm 또는 그 이하로 분쇄하며 다량 분쇄시킬 수 있다. 저쇄기는 압축력에 의해 음식물 씹는 원리로 만들어진 분쇄기이고, 선동 분쇄기는 베벨기어에 의해 구동되면서 고정되어 있는 회전축의 타원 운동에 의해 분쇄한다.

② 중간 분쇄기(intermediate pulverizer)

일반적인 식품 가공에 가장 많이 쓰이며 압축력을 이용하는 선동 분쇄기와 원리가 같다. 원료의 분쇄 크기를 1~4cm 또는 0.2~0.5mm까지 분쇄하는 기계다. 중간분쇄기로는 원추형 분쇄기와 해머 밀 등이 있다. 해머 밀은 충격력을 이용해 가장 많이 쓰이고 장점은 몇 개의 해머가 회전하면서 충격과 일부 마찰을 받아 분쇄시키는 것으로 구조가 간단하며 용도가 다양하고 효율에 변함이 없는 것이며, 단점은 입자가 균일하지 못하고 소요 동력이 크다. 결정형고체, 섬유형고체, 채소류 등을 분쇄할 때 이용한다.

그림 3-4. 해머 밀

③ 미분쇄기

분쇄 매체를 원료와 같이 회전시켜 충격, 마찰 등의 힘을 이용하여 분쇄하는 기계로 텀블링 밀(temblening mill)이라고도 한다. 원료를 0.1mm이하로 분쇄한다. 보올을 넣어 원료와 보올이 원심력에 의해 회전하면서 분쇄되는 보올 밀(ball mill), 보올 대신 막대기를 원료와 같이 회전시켜 분쇄하는 원통형의 로드 밀(rod mill), 원반과 두개의 롤을 회전시키면서 원료를 압축과 전단에 의해 분쇄시키는 에지 러너(edge runner), 고정 축과 면이 반대 방향으로 원 운동하면서 분쇄와 혼합을 하는 진동 밀(vibration mill), 여러 개의 공간에 회전시켜 형성되는 고주파 진동으로 분쇄하는 터보 밀(turbo mill), 전단에 의해 분쇄되는 버 밀(buhr mill), 롤러밀이 있다.

④ 초미 분쇄기(ultra fine grinding mill)

제트 밀(jet mill), 디스크밀(disc mill) 등으로 분류할 수 있다. 일반적으로 수 mm 크기의 원료를 기계적으로 깨뜨려 수 ㎛ 크기의 미세한 분쇄물을 얻는 조작을 말한다. 최근에는 더욱 가는 1 ㎛ 전후의 아주 미세한 분말을 필요로 하는 경우가 많아졌다.

이와 같은 분쇄기를 초미분쇄기라고 하여 구별하는 경우도 있다. 초미분쇄기의 대표적인 것은 제트밀, 진동 밀, 높은 점성의 액체에서 더 효과적인 콜로이드밀, 원판 분쇄기 등이 있다.

그림 3-5. 콜로이드 밀

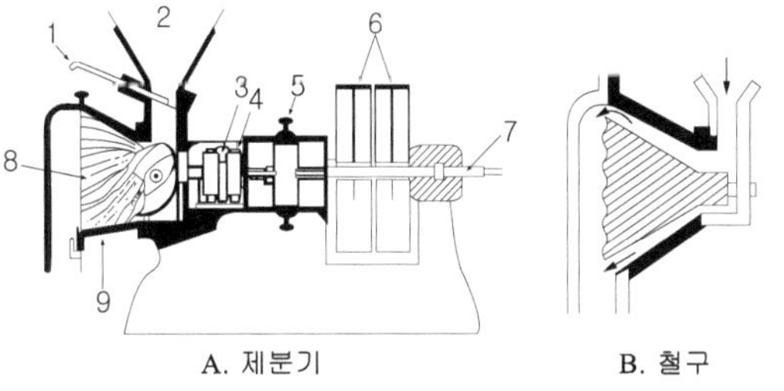

그림 3-6. 원추철구식 제분기

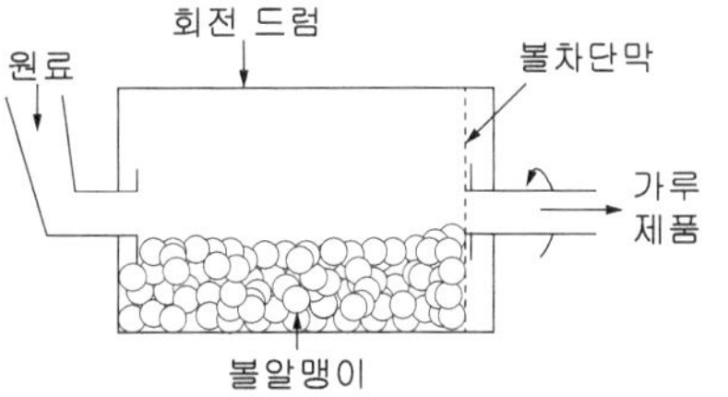

그림 3-7. 볼 밀의 구조

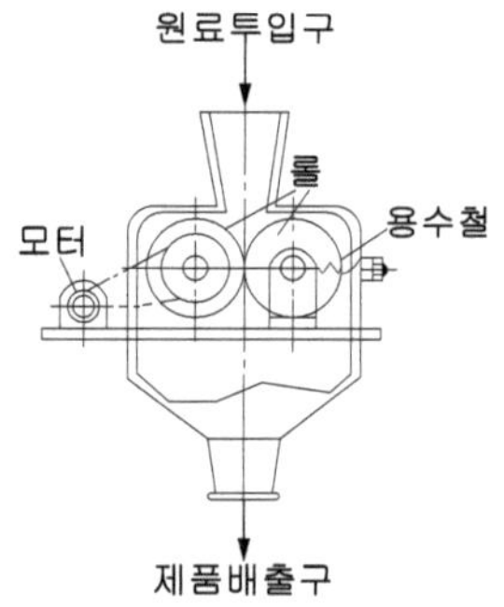

그림 3-8. 롤식분쇄기

4. 혼합(Mixar) 및 유화(Emulsification)

1) 혼합의 정의

고체와 고체, 고체와 액체, 액체와 액체, 액체와 기체 등, 2가지 이상의 성분을 균일하게 만든 생성물을 얻기 위한 방법으로 두 가지의 이상의 원료를 물리적으로 섞는 조작이다.

두 가지 이상의 성분을 균일하게 섞는 것에는 혼합(mixing), 교반(stirring, agitation), 반죽(kneading), 압연(working), 균질화(churning) 등이 있고, 고체와 고체, 액체와 액체, 액체와 기체 섞기 등이 있다. 가루는 회전시켜 혼합하고, 액체는 교반날개가 달린 교반기로 혼합한다. 건조 원료는 원추형 혼합기(conical blender)나 리본형 혼합기(ribbon blender), 고체를 액체에 녹일 때는 프로펠러형(propeller type), 터빈형(turbine type)이나 패들형(paddie type)을 사용한다.

(1) 혼합의 이점

① 성분의 균일화

② 성질의 변화

③ 화학적 변화의 촉진

④ 제품 값의 저하

⑤ 분산액 제조

(2) 혼합의 분류

① 혼합(mixing) : 곡물과 같은 입자나 분말형태를 섞는 조작

② 반죽(kneading, working)

· 고체와 액체의 혼합

· 다량의 고체분말에 소량의 액체를 섞는 조작

③ 교반(agitation)

· 액체와 액체의 혼합

· 많은 양의 액체에 소량의 고체를 부유시키는 조작

④ 유화(emulsification)

· 서로 녹지 않는 액체를 분산 혼합

· 유화의 유형 Oil-in-water(O/W)에멀존

Water-in-oil(W/O)에멀존

(3) 혼합기의 종류

W형 혼합기, V형혼합기, 연합기 등이 있다.

2) 혼합에 이용되는 기계의 형태

(1) 교반기

액체와 액체의 혼합, 액체 중에 고체 입자를 현탁시키기 위한 방법으로 고체를 액체에 녹일 때, 고체 입자를 액체로 세척할 때, 고체와 액체를 균일하게 혼합시킬 때 또는 화학반응을 일으킬 때 사용한다. 축에 붙어있는 날개(임펠러)모양에 따라 패들 형, 터빈형, 프로펠러 형(프로펠러의 날개는 물체를 절단하는 기능으로 고체의 분산과 유화에 이용)으로 구별된다. 또 교반기를 설치하는 위치에 따라 휴대용과 정치용으로 나뉘는데, 휴대용에는 수형, 선형, 측면형, 역류형, 분사형, 가스형 등이 있다.

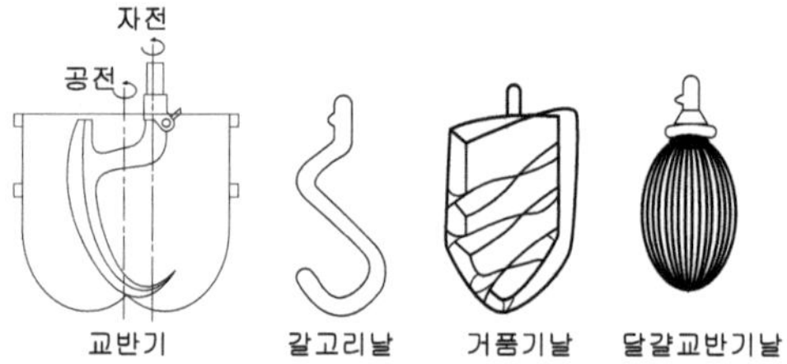

그림 4-1. 교반기와 교반날개

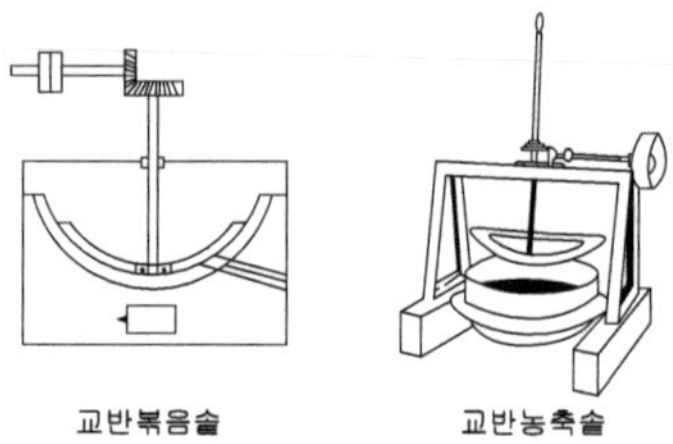

그림 4-2. 교반솥과 농축솥

(2) 혼합기

고체와 고체의 혼합작용을 하고 대류 혼합, 확산 혼합, 전단 혼합으로 구분된다. 균일 제품을 만들 때, 반응 촉진시킬 때, 새로운 형태의 원료를 만들 때, 유탁이나 현탁액을 얻으려 할 때 이용된다. 혼합기의 형태는 용기회전형 혼합기와 수평용기형 혼합기, 수직 스크류 혼합기가 있다.

(3) 반죽기

점조성이 있는 고체와 액체를 혼합하거나 반죽을 만들 때 이용되는 기계로 압축, 전단, 압연 등의 작용을 연속적으로 조작한다. 제과와 제빵에 쓰이는 팬혼합기(Hobart mixer), 니이더(껌, 엿), 코니더 등이 있다.

3) 유화의 정의

두 개의 섞이지 않는 액체를 강력히 교반하여 한 개의 액체가 작은 방울 상태로 안정하게 다른 액체에 분산되어 에멀젼을 형성하게 하는 조작

(1) 유화 장치

① 고속교반기(믹서; 호모게나이저): 마가린, 샐러드크림, 과자용 인조크림의 유화

② 고압균질기 : 고압펌프로 분쇄시켜 고압에서 저압으로 압력이 낮아지면서 더욱 미세한 입자 상태로 분산(우유, 아이스크림, 저지방크림)

③ 콜로이드 밀 : 고정자와 회전자 사이의 마찰과 교란작용으로 분쇄(치즈, 마요네즈, 드레싱, 시럽, 육류나 과일의 미분쇄, 점도가 낮은 액체 균질 목적으로도 사용)

④ 초음파균질기 : 고주파에 의해 물방울의 크기가 1~2mm인 에멀젼(emulsion)을 형성시켜 압력을 주어 균질기로 이송된다. 주로 샐러드크림, 아이스크림, 고지방, 필수지방에멀젼에 사용된다.

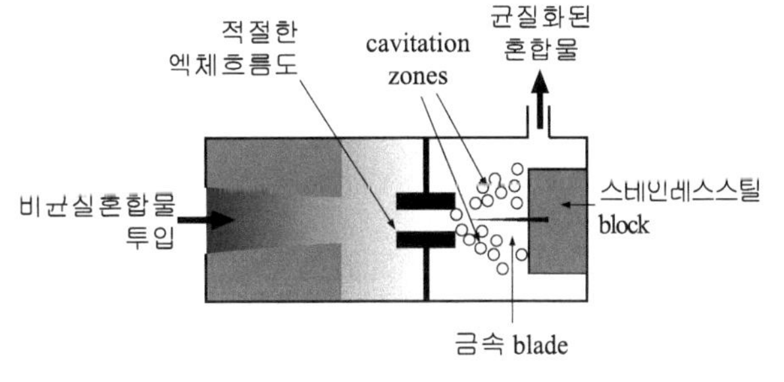

그림 4-3. 초음파균질기의 원리

5. 성형(Molding)

1) 성형(Extrusion)의 정의

압출성형은 원료를 압출기에 공급하고 금형(金型)에서 밀어내어 일정한 모양의 단면을 가진 연속체로 변환하는 성형법이고, 압축성형은 성형재료를 금형(mold)의 캐비티(cavity)에 넣고 압력과 열을 가하여 자동 또는 수동 프레스로 성형하는 방법이다.

가공식품은 여러가지 형태로 만들어진다. 햄버거는 다진 고기

에 일정압력을 가하여 디스크 모양으로 만든다. 스낵식품, 시리얼 식품은 여러가지 die(형틀)로 압출하여 찍어낸다. 빵, 버터, 치즈, 소시지, 두부 등은 재료를 용기(틀)에 넣고 압착하여 성형한다.

압출성형(extrusion)은 압출성형기(extruder)로 하며, 한 장치만으로 혼합 · 조분쇄 · 가열 · 열교환 · 성형 · 팽화 등을 할 수 있다. 압출성형은 발열방식과 비발열방식이 있다. 비발열방식은 원료의 조직 및 물성이 변형되지 않고 성형을 주목적으로 한다. 발열방식은 전단과 마찰로 내부온도와 압력이 높아져서 원료의 물성을 변형시키고 여러가지 변화를 일으킨다.

2) 성형에 이용되는 기계의 형태

(1) 압출 성형기(Extrusion Equipment)의 특성 및 종류

압출성형기는 원료 공급장치 · 스크류 및 구동장치 · 배럴 · 압출구 · 절단장치 등으로 구성되어 있다. 장치는 원료가 고속 스크류에 의하여 혼합 · 전단 · 가열 작용을 받아 고압, 고온으로 순간적으로 점탄성 물질로 외부로 압출된다. 이 과정에서 혼합 · 가열 · 팽화 · 성형이 이루어진다.

압출성형은 전분질 식품의 가공, 호화 전분의 제조, 효소의 불활성화, 두류의 저장성 향상 시킨다. 또, 향미 개선, 호화율을 증대시키고, 전분질 곡류와 고단백질 곡류를 혼합 가공하여 고단백질 스낵식품, 팽화 간편 식품, 스낵 식품을 제조할 수 있고, 콩단백질로 쇠고기와 같은 인조단백질을 제조할 수 있다.

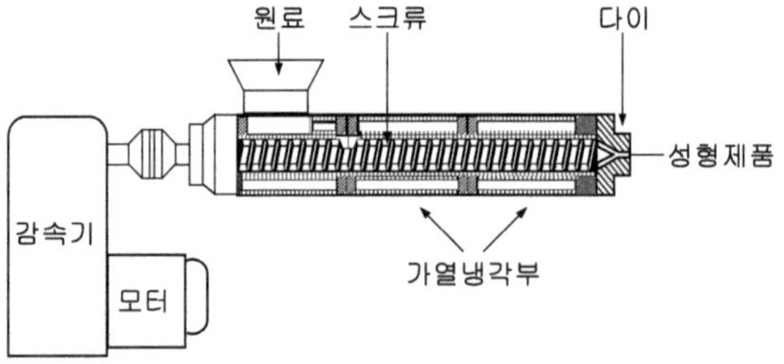

그림 5-1. 압출 성형기(extruder)

압출은 일종의 고온단시간 공정이다. 압출공정이 최근 많이 이용되는 이유는 다용성, 비용절감, 고생산성, 폐기물생성의 극소화 때문이다. 가장 중요한 조작변수는 온도, 압력, die의 지름, 전단속도이다. 식품공업에서는 호화 및 조리, 분자변형, 혼합, 살균, 성형, 건조 등의 단위조작을 포함하고 있어서 전분변화, 단백질 변성, 팽화 등에서 주로 응용된다.

① Extrusion Cooker

식품이 steam-jacked barrel이나 수증기로 가열되는 screw를 장착한 extrusion cooker에 의해서 가열된다. 주로 작은 die로 반제품, 고밀도제품(작고 단단한 pellet)형태를 만드는데 사용된다.

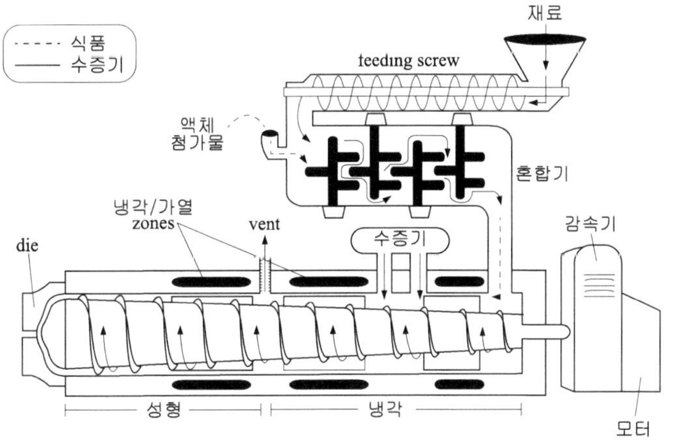

그림 5-2. Extrusion cooker

② Cold Extrusion

가열에 의한 식품의 조리나 파괴없이 작은 조각(strip)으로 압출성형시키는 장치로 파스타, 핫도그, pastry 반죽, 제과류 및 내용물이 들어있는 과자 등을 생산하는데 사용된다.

③ Single screw extuder

Screw가 한개 있는 extruder로 높은 전단력을 이용하면 조직단백질, 스틱제품, 각종 아침 씨리얼, pet food 생산에 폭 넓게 이용된다.

④ Twin screw extruder

Screw는 barrel 내에서 8자 모양으로 회전하며, Co-rotating intermeshing screw가 식품공업에서 가장 일반적으로 사용되는 장치이다. Single-screw extruder에 비해 내부에 원료가 꽉 차지 않아도 되며 빠르게 열전달이 되고, 고지방, 고수분 원료를 처리할 수 있다.

(2) 주조성형기(Casting 또는 Molding Equipment)

일정한 모양의 틀에 식품을 담고 냉각 및 가열의 방법을 사용하여 고형화 시키는 기기를 말하는 데 빙과류의 냉동성형, 젤리, 식빵의 가열성형, 가압에 의한 두부의 성형을 예로 들 수 있다.

(3) 압연성형기(Sheeting Equipment)

국수, 껌, 도넛, 비스킷(롤러로 형태를 뜬 것) 등과 같은 분체 식품을 반죽하여 로울로 얇게 늘리어 면대를 만든 후 세절하거나 압인(stamping)하거나 압절하여 성형하여 제품을 만드는 기기를 말하며 국수제조기가 대표적인 압연성형기이다.

(5) 압축 성형기(compression molder)

일정한 크기와 모양으로 압착 성형시켜 입자를 만드는 것으로 액체를 넣지 않고 높은 압력에서 조립시킨다. 단발형과 로타리형(테이블이 회전하면서 여러개를 찍음)이 있다. 식품에는 tablet 제품을 만들 때 사용된다.

그림 5-3. Single-screw extruder

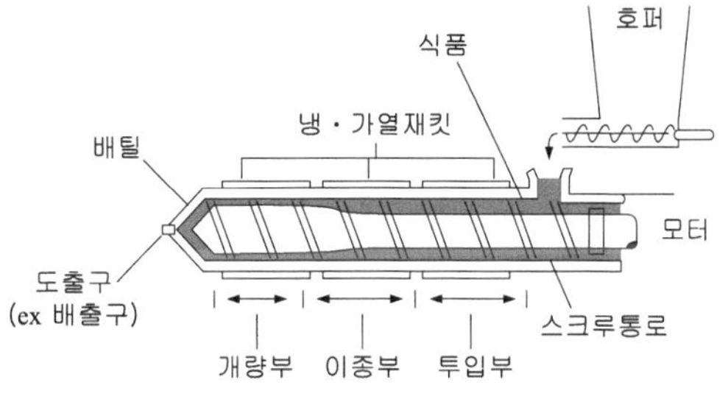

그림 5-4. Single-screw extruder

(6) 절단성형(Cutting Equipment)

칼날이나 톱날을 사용하여 식품을 일정한 크기와 모양으로 만드는 성형기기를 말한다. 과일과 채소의 세절에 사용되는 절단기(절간고구마, 무채), 과일 다이싱기, 치즈커터를 예로 들 수 있다.

(7) 과립성형기(Agglomeration Equipment)

커피나 분말주스 등은 입자가 작으면 물속으로 가라앉지 않고 표면에 떠있는 상태로 물에 잘 녹지 않는 성질이 있어서 분말을 응집시켜 과립형태로 바꾸어 주는 기기를 말한다. 건조분체 중에 작은 물방울을 분사키켜 응집하는 응괴성형기, 펠릿 및 피복식 성형기가 있다.

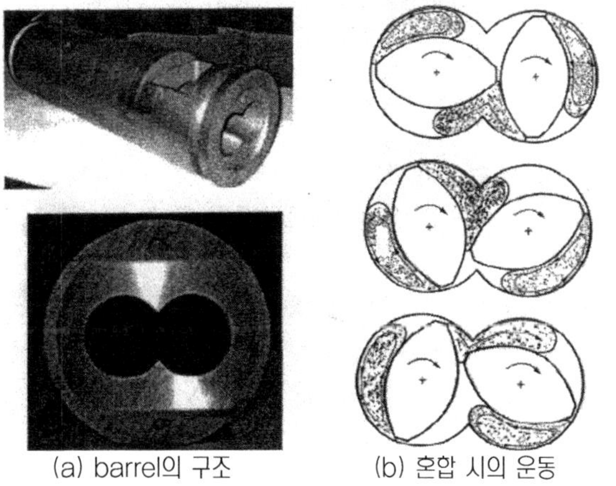

(a) barrel의 구조 (b) 혼합 시의 운동

그림 5-5. Twin-screw extruder 내에서 혼합

6. 원심분리(Centrifuge)

1) 원심분리의 정의

원심력을 가하였을 때 액체와 액체 혼합물 또는 액체와 고체 혼합물의 비중 차이에 의해 분리되는 현상을 이용하는 방법으로 식품의 분리, 침강, 탈수, 농축 등에 이용된다.

2) 원심분리에 이용되는 기계의 형태

(1) 액체와 액체 원심 분리기

불용성 액체 혼합물을 원심 분리하는 방법으로 식용유의 탈수, 과일주스 및 시럽의 청징 등에 사용되는 관형 원심 분리기(tubular bowl centrfuge)와 우유에서 크림을 분리하는 경우처럼 완전한 분리가 아니라 한 유체의 상을 농축하고자 할 때 가치 있으며, 식용유의 정제, 과일 주스의 청징 등에 이용되는 원판형 원심 분리기(disc bowl centrifuge) 등이 있다.

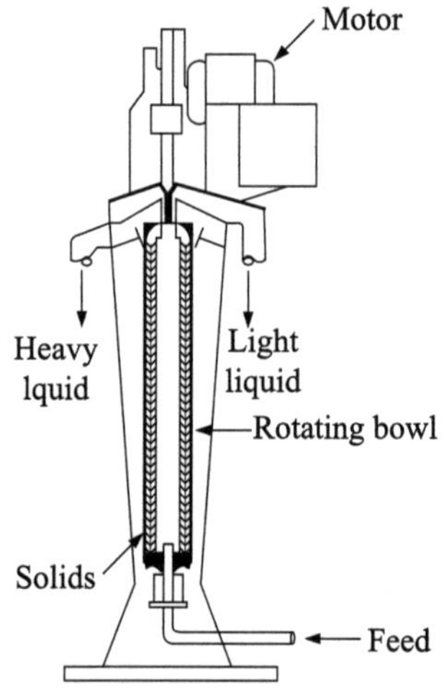

그림 6-1. 관형 원심분리기

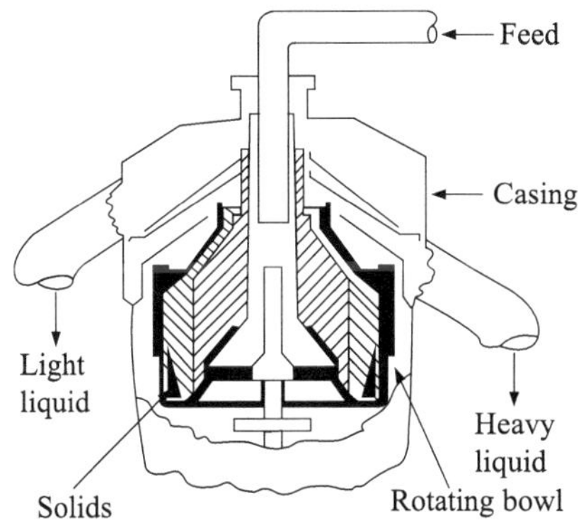

그림 6-2. 원판형 원심분리기

(2) 원심 청징기(clarifier)

액체에 고체 입자가 들어있는 혼합물을 분리하는데 쓰이는 원심분리기(원통형원심분리기, 노즐배출형 원심분리기, 밸브배출형 원심분리기)로 고체의 농도가 1~2% 이하 일때는 원통형, 5% 이하일 때는 노즐 배출형, 6% 농도까지는 밸브배출형이 사용된다. 노즐형의 결점은 비교적 큰 고체입자는 노즐의 구멍이 막힐 위험이 있고 배출되는 슬러지의 농도가 비교적 낮다. 이들 원심 청징은 과즙 청징, 유지류 분리, 전분유 농축, 효모 분리, 당액에서의 탄산칼슘 제거 등에 이용된다.

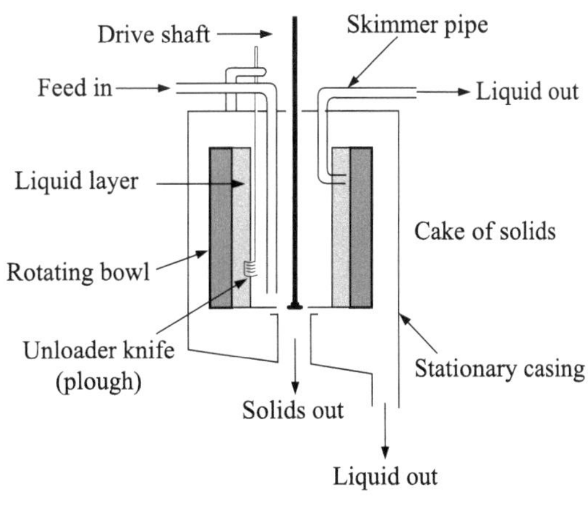

그림 6-3. 원통형 원심분리기

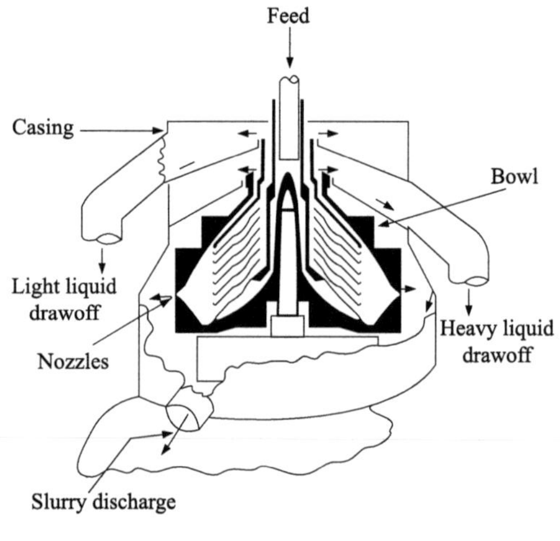

그림 6-4. 노즐배출형 원심분리기

(3) 디슬러지 원심분리기

원료액에 고체의 농도가 높을 때 사용하며, 컨베이어형 원심분리기가 있으며 고체함량 50%까지 이용이 가능하다.

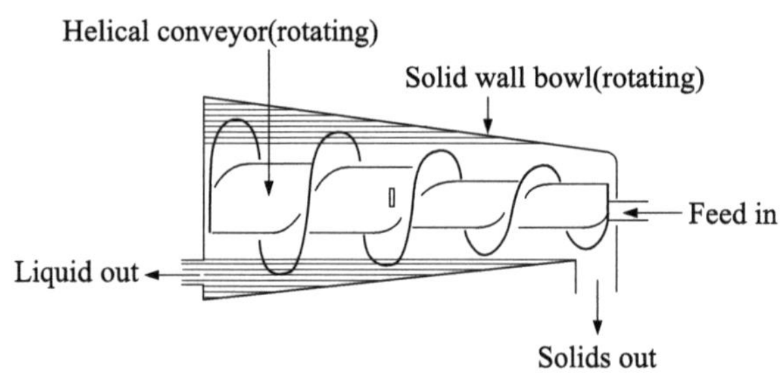

그림 6-5. 컨베이어형 원심분리기

표 6-1. 식품공업에서의 원심분리장치의 이용

원심 분리기	용도
관형 원심 분리기	· 동물성 기름 및 어유의 탈수 · 과일주스, 사과주(cider) 및 감미용 설탕 시럽의 청정
원판형 원심분리기	· 우유로 부터 크림의 분리 · 동, 식물유 및 어유의 정제과정 중 탈수 및 청정 · 과일주스와 감귤유의 청정
청정 및 슬러지 제거용 원심분리기	· 동, 식물유 및 어유의 처리 · 과일주스의 청정 · 맥주와 맥아즙의 청정 · 옥수수, 밀 , 쌀 등의 전분의 탈수 · 효모의 회수
컨베이어 원심 분리기	· 동, 식물 단백질 회수 · 코코아, 커피 및 차의 슬러리 제거 · 어분 제조

3) 분리

어떤 물체에서 특정 성분을 뽑아내는 것을 분리, 정제라 한다. 분말이나 고형입자를 사이즈별로 쳐서 분리하는 것(밀가루, 버섯), 고제와 고제의 분리(감자의 박피, 견과 껍질 제거), 액체로부터 고체의 분리(간장덧의 여과), 압착에 의한 고체와 액체의 분리(과즙), 액체로부터 액체의 분리(우유에서 크림의 원리분리), 고체나 액체로부터 기체의 분리(통조림시 공기의 감압제거, 탈기), 여과에 의한 분리(간장, 술), 원심분리(과즙의 청징, 동식물유의 정제, 우유 크림의 분리), 정치분리(전분정제) 등이 있다. 건조, 증발, 증류 등도 원리적으로 상(相)의 변화를 이용한 분리 조작이다.

체(篩)는 일정한 크기의 구멍을 갖춘 망으로 된 기구로 입자의 크기는 표준체로 잰다. 표준체의 입자크기 단위는 mesh, 체 1인치에 들어있는 눈의 수이다. 즉, 10mesh는 길이 1인치인 정사각형에 체눈이 10개 있는 것을 말한다.

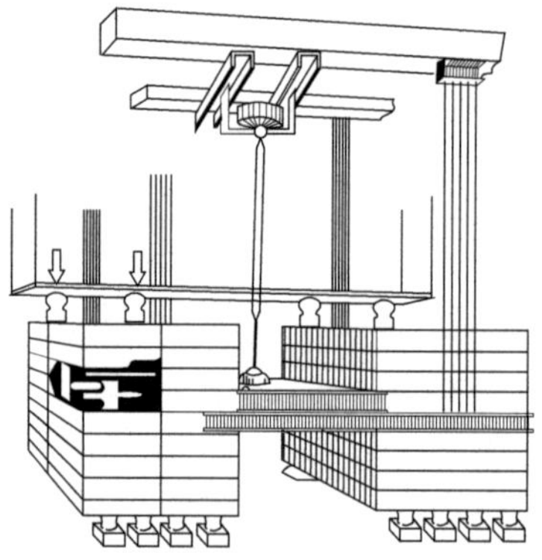

그림 6-6. 체

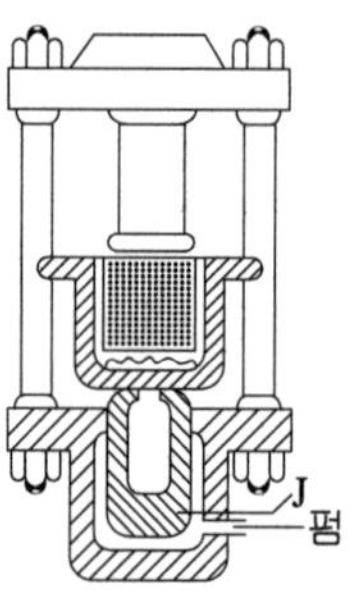

그림 6-7. 착즙기

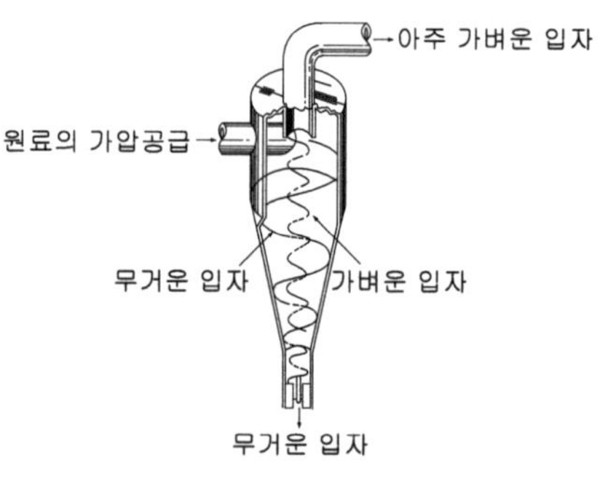

그림 6-8. 사이클론(입자분리기)

(1) 분리의 의의

우리 가정에서 흔히 볼 수 있는 간장과 된장은 메주를 소금물에 담가 일정기간 발효시킨 후 소금물 속에 흩어져 있는 메주와 소금물을 면포, 체 등을 사용하여 걸러 고형물을 분리시킨 액이 간장이 되고, 고형물은 된장이 된다. 이와 같이 두 가지 또는 그 이상의 물질이 혼합되어 있는 혼합물을 서로 나누는 조작을 분리라 한다.

(2) 분리의 분류

식품가공에서 분리는 ① 고체와 고체의 분리, ② 고체와 액체의 분리, ③ 기체와 고체의 분리, ④ 액체와 액체의 분리, ⑤ 액체와 기체의 분리, ⑥ 기체와 기체의 분리로 분류할 수 있다.

(3) 분리기의 종류

① 체분리기

② 침강분리기

③ 여과기(중력여과, 가압여과, 감압여과)

④ 원심분리기(원통형 보울 원심분리기, 디스크 보울 원심분리기, 경사형 침강기, 원심 여과, 사이클론 분리기)

⑤ 압착분리기(유압식 압착기, 롤러식 압착기, 스크류식 압착기)

○ 이중 원추형, 보울 지름이 가장 큰 부분에 일정한 간격으로 노즐설치

- 분리된 고체- 보울 벽면 속 노즐을 통하여 연속적 배출
- 효모의 분리, 단백질의 농출, 묽은 전분유의 농출

○ 원통적 원심 분리기

- 화분식 원심분리기
- 농도 희박 (1~2%) 침전 쉽게 이루어지는 묽은 용액 청징

○ 컨베이어형 원심분리기

- 회전축 통하여 원액공급, screw conveyer의 원심력
- 고형분 함량이 많을 경우 사용
- 고구마, 밀, 옥수수 전분 분리, 정제, 탈수

7. 여과(Filtration)

1) 여과의 정의

고형물에 들어있는 수분을 여과 매체에 통과시켜 액체는 막을 통과하고 현탁입자는 막의 표면에 퇴적되는 방법으로 현탁액을 분리시키는 조작을 일컫는다. 여과의 종류엔 여과재와 압력에 따라 중력여과, 진공여과, 가압여과, 원심여과, 압착, 막 분리 등으로 나눈다.

여과는 액체 중의 침전물이나 불순물을 걸러내는 것으로 여과기를 이용한다. 여과기는 작은 구멍을 많이 가진 재료로 액체를 거르는 감압여과기, 가압여과기(filter press) 등이 있다. 소규모 가압여과기는 숯, 골탄, 모래, 여과지, 여과포를 사용하나, 대규모는 여과판을 여러 개 겹쳐서 한쪽에서 액체를 압력으로 밀어낸다.

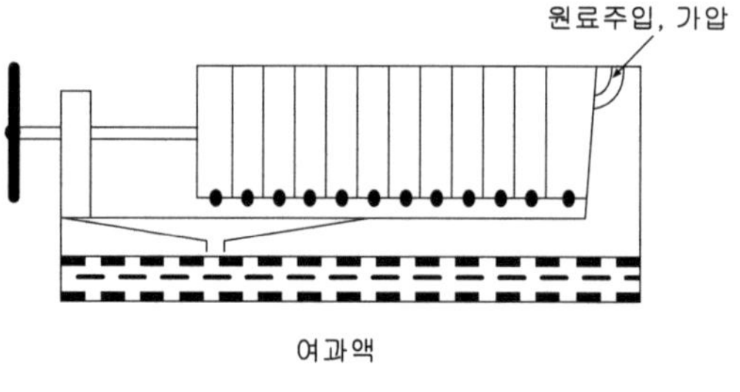

그림 7-1. 가압여과기

분자레벨에서 성분을 분리하는 데는 정밀여과법, 한외여과법, 역삼투법, 전기투석법 등의 막여과(membrane filtration)로 처리한다.

역삼투법은 바닷물을 민물로 만들기 위하여 개발한 기술로, 물은 통과하지만 소금은 통과하지 않는 정밀한 아세트산 셀룰로오스, 폴리설폰 등으로 바닷물을 밀어내어 소금은 남기고, 물만 통과시키는 방법이다. 가열하지 않기 때문에 식품에 변화를 주지 않고 필요한 성분만 분리해 낼 수 있다.

환외여과법은 역삼투법보다 막의 공극이 커서 저분자 물질은 통과하므로 저분자물질과 고분자 물질의 분리에 사용한다.

비열처리 맥주는 막처리 기술로 열처리하지 않고 효모를 제거한 것이다.

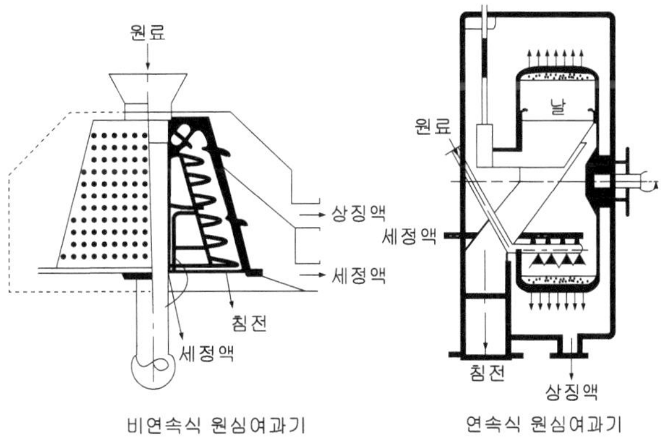

그림 7-2. 원심여과기

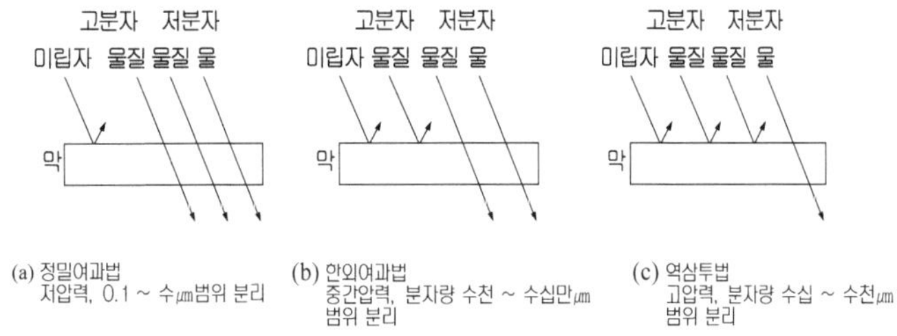

그림 7-3. 미세여과법의 종류

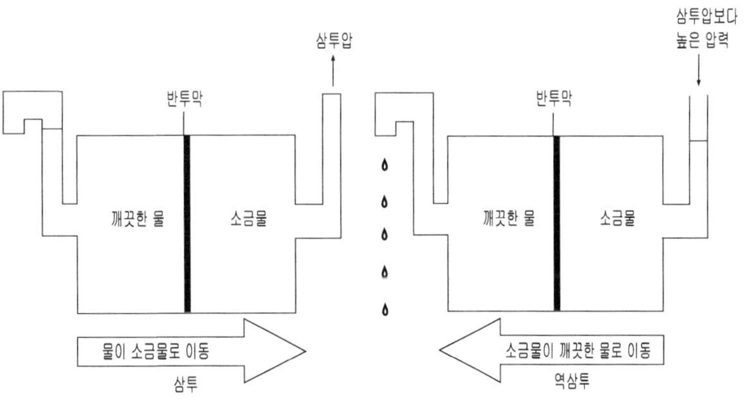

그림 7-4. 역삼투법

2) 여과에 이용되는 기계의 형태

(1) 중력 여과기(gravity filter)

혼합액에 중력을 가하여 여과재를 통과시켜 여과액을 얻고 고체 입자는 여과재 위에 퇴적되게 하는 방법으로 음료수나 용수 처리 등에 사용되어 왔다.

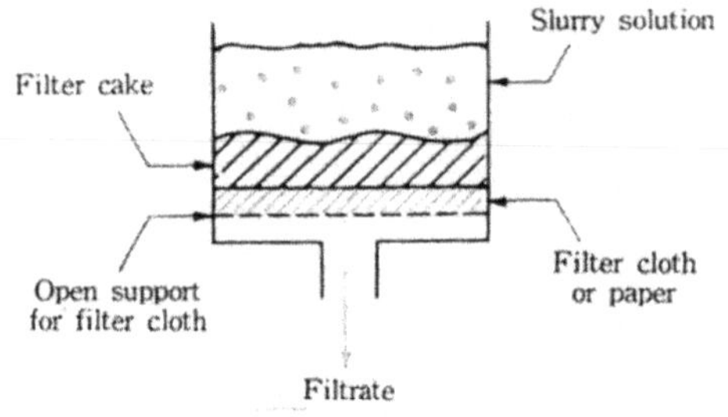

그림 7-5. 간단한여과장치

(2) 압축(력) 여과기(filter press)

여과원액에 압력을 가하여 여과하는 압축여과기로 판틀형 압축여과기(plate pressure filter)와 잎모양 가압 여과기(leaf pressure filter)가 대표적으로 많이 사용된다. 판틀형(필터프레스)은 구조와 조작이 간단하고 가격이 비교적 저렴하여 공업적으로 널리 이용되고 있다(예: 간장제조). 그러나 인건비, 여포와 소비가 크고 케이크의 세척이 효율적이지 못한 단점있으며, 잎모양 여과기는 여과매체의 손상이 적고 세척효과가 높으며 여과면적이 큰 장점이 있어 대량의 여과와 청징에 적합하나 필터프레스보다 고가이고 고형분이 침강성이 있는 경우에는 사용이 곤란하다.

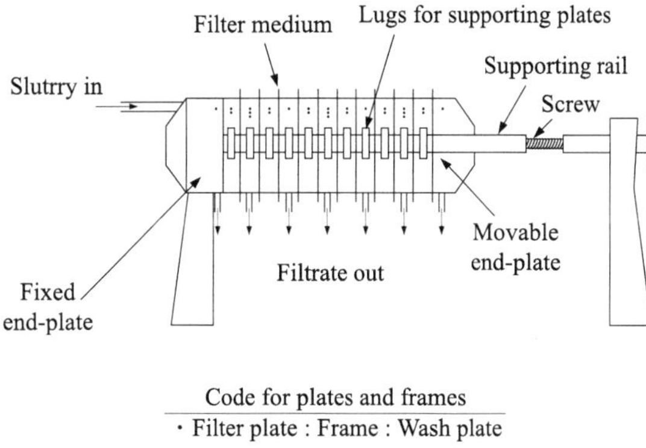

그림 7-6. 판틀형 가압여과기(필터프레스)

(3) 진공 여과기(vaccum filter)

여과포를 덮은 틀(frame)이나 회전 원통을 원액에 담그고 내부에서 원액을 전공펌프로 흡인시켜 여과포를 통과한 여액을 외부로 배출시켜 여과하는 방법으로 회전 원통형 진공여과기가 대표적이다. 처리용량이 크고 인건비가 적게 든다는 장점이 있지만 가격이 비싸고 뜨거운 액이나 휘발성 액의 취급에는 적당하지 않다.

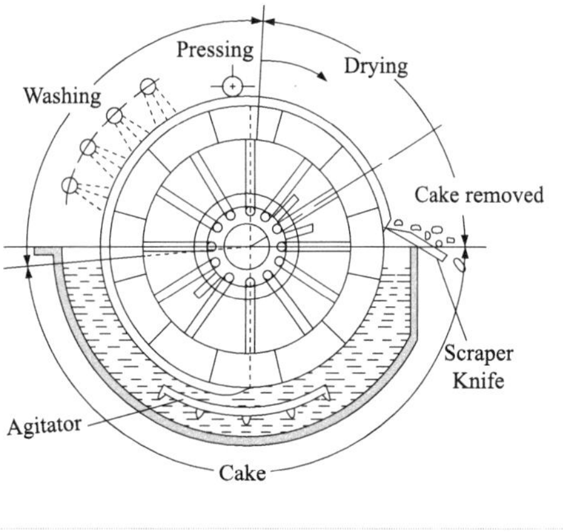

그림 7-7. 회전원통 진공여과기

(4) 원심 여과기(cenfrifugal filter)

다공성 케이크를 형성하는 고체는 원심여과기(centrifugal filter)를 이용하면 액체로 부터 효율적으로 분리할 수 있다. 원액에 들어있는 고체 입자의 수분을 원심분리로 제거하는 기계로 비교적 큰 입자나 결정성 물질을 포함한 원심분리로 현탁액의 여과에 이용된다. 원심 여과기는 바스켓 원심여과기, 컨베이어형 및 압출형으로 구별한다. 컨베이어 원심분리기는 다공성 보올(bowl)을 이용하여 여과하며 코코아, 커피 및 홍차현탁액의 분리, 어분의 제조 등에 사용된다.

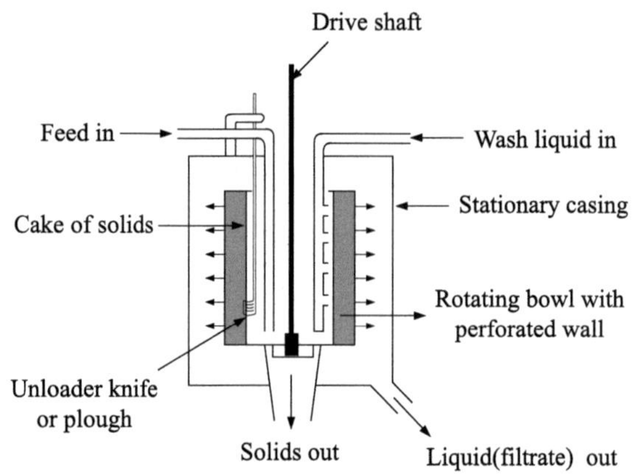

그림 7-8. 바스켓 원심여과기

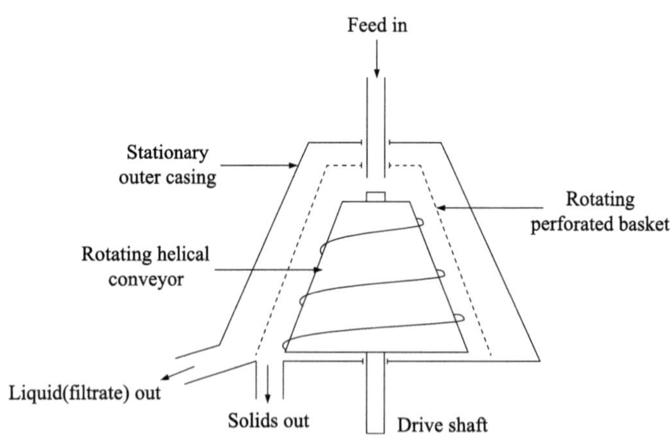

그림 7-9. 컨베이어 원심여과기

(5) 막 분리 여과

막의 선택 투과성을 이용하여 물질의 상(phase)변화 없이 연속적으로 물질을 분리하는 방법으로 열이나 pH에 민감한 물질에 유용하며 휘발성 물질의 손실도 거의 없다. 특히 냉각수가 필요 없으며 다른 농축방법보다 에너지 요구가 적은 편이다. 역삼투(압력차, 물), 한외여과(ultrafiltration:UF, 압력차, 용질과 물), 정밀여과(microfiltration:MF, 압력차, 용질과 물), 투석(농도차, 용질과 물), 전기투석(전위차, 이온성물질과 물) 등을 들 수 있다. 분리하는 물질의 크기에 따라 보통여과는 10㎛까지, 정밀여과는 0.1~10㎛ 까지, 한외여과는 2㎛까지, 그 이하는 역삼투의 관계에 있다. 셀롤로오스 아세테이트 등 합성폴리머로부터 만들어진 구멍이 없는 막을 이용하여, 가압에 의하여 소분자를 침투시킨다. 고분자용액의 농축, 탈염, 분획 등에 이용한다.

각종 공경을 갖는 다공성 고분자막의 개발로 보통 여과로는 거르지 못하는 미소한 콜로이드 입자를 여과 분별하는 방법, 콜로이드 정제, 농축, 입자의 균일화 등에 널리 이용할 수 있게 되었다.

8. 추출(Extraction)

1) 추출의 정의

고체나 액체에서 용매로 원하는 물질을 용출 분리하는 조작이다.

추출은 액체 또는 고체원료 중에 포함되어 있는 유용한 가용성 성분을 용매에 녹여 분리하는 조작이다. 식품 성분의 특성에 따라 성분을 추출하거나 분리하는데 사용되는 방법으로 압착추출, 증류추출, 용매추출 등이 이용되고 있다.

추출에 이용되는 용제(매)의 조건으로는 추출 용매는 원하는 성분을 잘 녹여야 하고, 화학적으로 안정하고, 독성이나 부식성이 없어야 하고, 비점이 낮아야 하고, 증발잠열과 비열이 적고, 융점이 낮고, 인화 위험이 없어야 하고, 가격이 싸야 하고, 제품에 악영향을 미치지 않아야 한다. 그래서 식품에는 n-헥산, 벤

젠, 에탄올, CS_2, CCl_4, $CHCl_3$, C_6H_5, C_6H_6, 아세톤, 물 등을 사용한다. 지방질의 추출정제에는 n-헥산이 주로 사용된다. 추출 효율은 온도가 높을수록, 대상 물질의 표면적이 넓을 수록 높다. 그러므로 가급적, 입자화, 분말화하는 것이 좋다. 유지 추출, 인스턴트 커피와 홍차, 녹차, 설탕의 제조에 사용한다.

추출의 액체 또는 고체 원료 중에 포함되어 있는 유용한 성분을 물, 핵산(hexane)과 같은 용매(溶媒; solvent)에 녹여 분리하는 조작을 말하며, 식품공업에서는 고체에서 액체를 추출하는 것이 대부분이다.

추출에 쓰이는 원료식품을 추재(抽材; raw material), 추출제품을 추출액(extract)이라고 하며, 추출하고 남은 불용성 고형물을 추잔물(raffinate) 또는 폐기물(waste)이라고 한다.

(1) 추출의 이론

추출은 추재가 용매와 접촉하여 추재 내에 들어 있는 용질이 용매 속으로 이동되는 일종의 물질이동 조작(mass transfer operation)이다.

이때 물질이동속도(mass transter rate)는 추재와 용매사이의 농도 차의 크기에 비례하게 된다.

용질이 고체와 액체의 두개의 상(相)에서 평행에 도달하면 용질의 이동은 멈춘다.

이렇게 추출은 평형상태와 밀접한 관계가 있기 때문에 용매와 추재를 효과적으로 접촉시켜 평행에 도달하게 하여 유효성분을 분리하는 접촉평형분리 조작(contact equilibrium separation)이라고 요약할 수 있다.

추출은 다음과 같은 단계로 이루어진다.

첫째단계, 추재와 용매를 혼합 · 접촉하게 하는 것으로 용매는 추재 속으로 스며들게 된다.

둘째단계, 추재 속에 있는 용질이 녹아서 용매 쪽으로 이동하며, 이동이 완료되면 평행에 도달한다.

셋째단계, 추출액을 고체(추잔물)로부터 분리한다.

(2) 추출속도

위에서 설명한 둘째(II)단계를 보면 처음에는 빨리 커피성분이 녹아 나오다 시간이 지나면 더 이상 녹아 나오지 않을 것이다. 이것은 고체로 부터 액상으로의 물질 이동속도가 처음에는 커지나 시간이 지나면 점차 작아지고 드디어 0이 된다는 것을 의미한다.

물질이동속도에 영향을 줄 수 있는 요인을 들어보면 다음과 같다.

첫째, 고체와 액체간의 농도의 차이가 크면 이동속도가 커진다.

둘째, 커피알갱이를 작게 할 수록 빨리 추출된다. 이는 액체와 접촉면적이 크기 때문이다.

셋째, 막의 두께가 크면 이동속도가 느리다.

2) 추출에 이용되는 기계의 형태

(1) 압착기

고체 원료에 들어 있는 유용한 액체 성분을 압출 힘을 이용하여 추출하는 방법으로 주로 식품 공업이나 음료수 공업에서 많이 이용되고 있다.

(2) 용매추출기

물, 유기 용매 등을 사용하여 추출되는 물질을 얻는 방법으로 유지 추출, 주스 제조, 설탕 제조, 커피, 차 등의 제조에 이용된다.

(3) 초임계 가스 추출기

초임계 가스(이산화탄소와 펜탄 등)를 용제로 하여 추출 분리하는 기술이다. 공정은 용제의 압축, 추출, 회수, 분리로 나눌 수 있다. 초임계 가스 추출 방법은 성분의 변화가 거의 없고 특정 성분을 추출하고 분리하는데 이용되어 식품에서는 커피, 홍차 등에서 카페인 제거, 동 · 식물성 유지추출, 향신료 및 향료의 추출 등에 널리 쓰이는 추출의 새로운 기술이다.

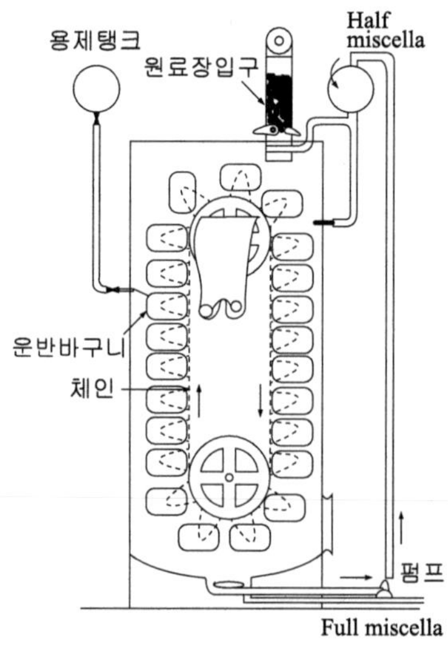

그림 8-1. Bollmann 추출기

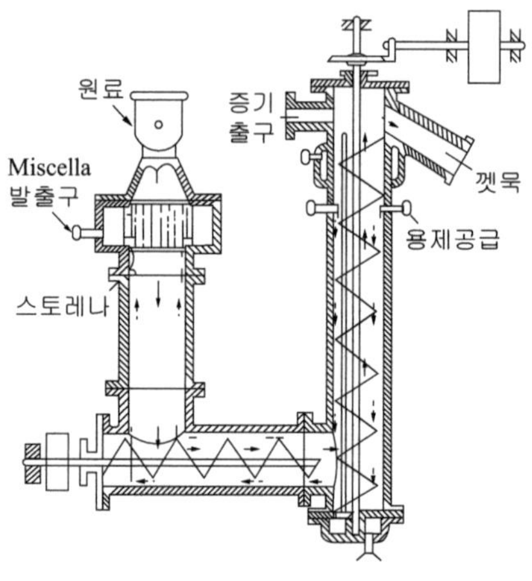

그림 8-2. Hilldebrandt 추출기

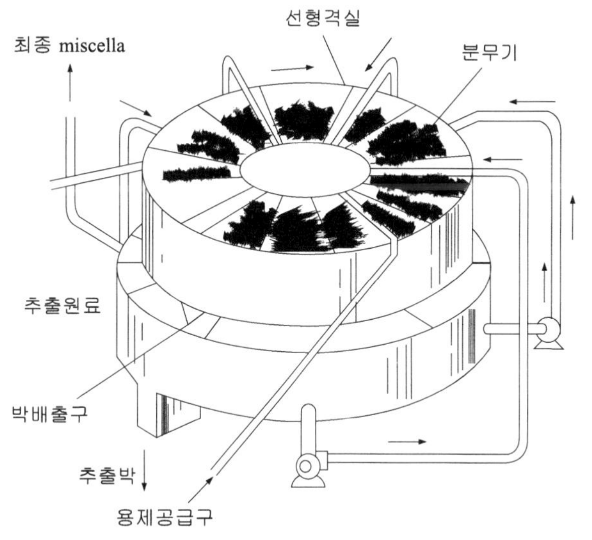

그림 8-3. Rotocel형 추출기

9. 이송(Transfer)

1) 이송의 정의

가공체계에서 각 공정 간에 원료이동, 물질의 상태이동, 식품의 이동 등에 쓰이는 기기를 이송기라고 하며 사용되는 기기로는 기체는 fan, blower, compressor 등이 사용되고 액체는 pipe, pump, 고체이송에는 conveyer, thrower 등이 사용된다.

식품을 공장 내에서 이송하는 데는 차량이나, 수레를 이용하여 운반하는 방법이 있으나 힘들다. 푸대에 들어있는 것은 주로 지게차를 이용한다. 고추장, 된장 같은 페이스트상은 스크류 이송기를 사용하고, 입자상이나 가루는 공기의 흡인이나 송풍으로 이송한다. 가장 많이 사용되는 방식은 밸트 컨베이어에 의한 이송이다.

2) 이송에 이용되는 기계의 형태

(1) 기체 이송기

액체 이송의 펌프와 같은 종류로 10~1,000기압의 고압 공기를 이송하는 왕복 압축기(reciprocating compressor)는 기체 입구 쪽에 미립자를 제거하는 필터를 붙이고 출구 쪽에는 응축수를 제거하는 separator가 필요하다.

(2) 액체 이송기

액체를 이송시키는 pipe와 pump의 종류로는 왕복 운동식, 회전식 및 특수식이 있다.

(3) 고체 이송기

식품의 수송이나 포장된 물질을 수송하는데 쓰이며 식품의 형태 등에 따라 사용기계를 여러 방법으로 구별한다.

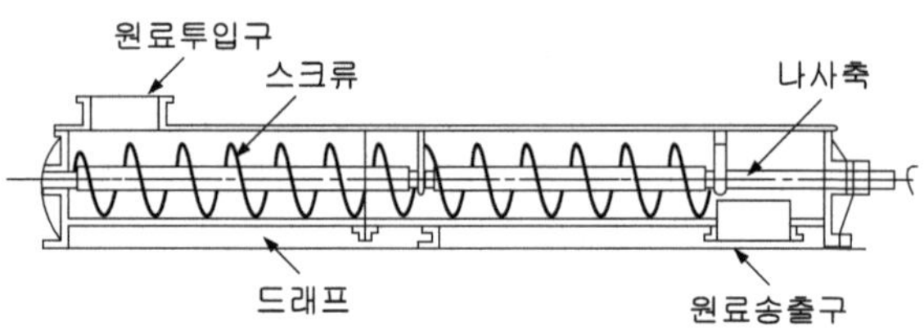

그림 9-1. 스크류 이송기

10. 건조(Drying)

1) 건조의 정의

수분이 있는 물질에 열을 가하여 수분을 증발시키는 단위조작이다. 식품을 건조하면 무게와 부피를 줄일 수 있어 수송과 취급이 편리하고, 미생물로 인한 식품의 저장성을 높일 수 있으며, 화학반응에 의한 변질을 억제하고 성분농축에 의한 독특한 맛을 부여하여 식품의 특성을 변화시킬 수 있는 장점이 있다.

(1) 건조의 목적

식품가공에서 건조는 다음과 같은 목적으로 한다.

첫째, 식품원료 중의 효소의 작용이나 미생물의 생육을 억제시켜 저장성을 높인다.

둘째, 식품의 맛을 좋게 함과 동시에 먹기 좋게 한다. 특히 어패류는 건조에 의하여 냄새가 제거되고 풍미가 증가된다.

셋째, 무게를 가볍게 하고 부피를 줄여 수송력을 높인다.

동결건조 등 특수한 건조방법으로 건조전의 상태에 가깝도록 복원(reconstitution)시킬 수도 있다. 건조식품은 흡습성이 크므로 건조실 또는 포장실은 습도를 조절할 필요가 있다.

(2) 건조의 원리

① 건조기구

- 가열 : 식품 속에 있는 수분을 증발시키기 위해서는 여기에 필요한 증발잠열(latent heat of evaporization)을 외부로부터 공급해 주어야 하기 때문에 우선 식품을 가열할 필요가 있다. 식품을 가열하는 방법은 미리 가열된 철판에 접촉시켜 전도에 의존하는 경우도 있지만 일반적으로 가열된 공기를 식품에 접촉시켜 열이 식품 속으로 전달되도록 한다.
- 수분의 이동(확산과 모세관이동) : 한편 수분은 식품의 표면에서 공기 속으로 이동되며 표면에 있던 수분이 증발되고 나면 식품 속에 있는 수분은 표면으로 이동된다. 이때 수분이동의 기작은 조직 내의 모세관을 따라 이동하는 모세관이동(capillary transfer)과 수분의 농도나 수증기 분압의 차에 따라 이동하는 확산이동(diffusion movement)에 의해 이루어진다.

② 평형수분함량(equilibrium moisture content)

건조 시간의 경과에 따라서 함수율은 계속 감소하는 반면 식품의 품온은 급격히 상승하게 되는데 이 때의 함수율을 한계함수율이라 한다. 건조를 계속하면 어느 정도 이상은 수분함량이 감소하지 않게 되는데 이 때의 수분함량을 평형수분함량(equilibrium moisture content)이라 한다.

(3) 건조속도에 미치는 영향

건조속도는 다음과 같을 조건일 때 빨라진다.

첫째, 피건조물의 표면적이 클수록 빨라진다.

둘째, 다공질 일수록 빨라진다.

셋째, 식품표면을 통과하는 공기속도가 빠를수록 빨라진다.

넷째, 공기의 온도가 높고, 습도가 낮을수록 빨라진다.

다섯째, 표면경화가 일어나지 않는 한 빨라진다.

(4) 건조과정에서 일어나는 현상

① 가용성 물질의 이동

건조가 진행됨에 따라 내부의 수분이 표면으로 이동될 때 여기에 용해되어 있는 여러 가지 물질이 함께 이동되는 현상이 일어난다. 이 현상은 모세관을 따라 일어나게 되는데 세포 내의 물질은 반투막의 성질을 가진 세포벽에 의해서 방해되기도 하고, 또는 식품의 건조 중에 일어나는 수축현상과 식품내부에 형성되는 압력이 용적의 이동을 촉진시키기도 한다.

② 수축현상(shrinkage)

식품이 건조되면 수분이 점유했던 용적만큼 수축현상이 있을 것으로 예상된다. 그런데 실제로 수분이 있었던 자리에 공간이 생기는 등으로 수축현상은 이론치 만큼 크지는 않다. 즉 건조속도가 낮은 건조 초기에는 수축이 비교적 많이 일어나지만 건조후기에는 감소되어 건조가 완전히 끝나기 전에 수축이 끝나고 건조제품의 형태가 고정된다.

건조 채소류의 가비중과 다공성은 건조조건에 의해서 주로 지배된다. 즉 속도가 빠르면 식품의 표면층이 딱딱하게 되어 건조제품의 형태가 일찍 고정되어서 내부조직이 찢어지고 파괴되어 다공성의 개방적 구조를 갖게 된다. 이런 제품은 가비중이 낮고 물에 넣었을 대에 복원성이 매우 우수하다.

수축현상은 보통 건조 표면적을 줄이게 되어 식품 내부 압력의 불균형을 가져오고 건조속도에 영향을 미친다.

③ 표면경화(case hardening)

건조온도가 높고 공기의 상대습도가 낮을 때는 수분함량이 큰 식품을 내부에서 밖으로 확산하는 수분의 양보다 더 많은 수분이 식품의 표면에서 증발하여 제거될 위험이 있다. 이럴 때에 표면경화가 일어나게 되는데 그 원인은 내부 수분이 표면으로 이동하는 통로가 되는 모세관이 막혀버리므로 건조속도를 지연시키기 때문이다.

이와 같은 현상을 방지하는 방법으로는 공기의 상대습도와 온도를 조절해서 식품내부의 수분이 밖으로 확산되는 양보다 더 많은 수분이 발산되지 않도록 해야 한다.

건조초기에는 건조속도를 빠르게 하고 후기로 갈수록 느리게 할 필요가 있다.

2) 건조방법

(1) 천일(자연)건조

양건 · 음건으로 건포도, 곶감, 건어물이 이에 속한다. 자연조건에 따라 제품의 품질이 달라지고 비위생적이며 시간이 오래 걸린다.

(2) 인공건조

① 가압건조

가열, 건조 분출로 옥수수튀김을 예로 들 수 있다(압출공정참조)

② 상압건조

· 자연환기 : 곶감, 말린 사과

· 열풍건조 : 인공적으로 열풍을 식품에 보내어 수분을 증발시키는 방법이다. 터널식, 로터리식, 유동층식, 기류식, 컨베이어 벨트식으로 각종식품 건조

· 분무건조 : 가압노즐 또는 원심분무로 분말커피, 분유, 분말향료

· 피막건조 : 식품을 얇은 막상(film)으로 도포시킨 후 드럼의 회전에 따라 수분을 증발시키면서 건조하는 방식으로 산소가 없는 상태에서 건조를 진행할 수 있으므로 산패의 위험성이 감소되는 장점이 있다. 드럼, 벨트식으로 알파화 전

분, 약용 효모

· 거품건조 : 액상식품을 농축하거나 기포제를 첨가하여 기포성을 높인 액상식품을 고압의 질소가스와 강하게 혼합하여 거품을 형성시킨 후 가열공기를 불어넣어 건조시킨다(크레이터법, 스파게티법). 열에 약한 액체식품을 건조하는 데 적합하여 토마토주스, 딸기주스, 오렌지주스, 커피, 분유, 진액 등의 제조에 이용된다. 기포제로는 메틸셀룰로오스 대두단백혼합물, 모노글리세라이드, 게란 알부민, 수크로스지방산에스테르 등이 있다.

· 건조제 : 고체 또는 액체 건조제를 이용하여 건조

· 고주파 : 비교적 수분이 적은 식품에 이용

· 적외선 : 컨베이어나 진동판 위에 식품을 얹어놓고 광선을 일정시간 내려쬐어 복사열을 이용하여 건조

③ 진공건조

밀폐된 용기 내의 압력을 30~100torr의 저압으로 하여 3~5℃의 저온에서 건조하는 방법이다. 분무건조나 기타 건조법으로 건조가 어려운 당이나 산이 많은 고점성, 고산도, 고당 식품인 물엿, 연유, 맥아액기스, 꿀과 가열에 의해 품질변화가 심한 오렌지 과즙, 토마토 퓨레(puree), 장류, 된장, 인스턴트 커피, 수프, 엑기스 등에서 사용되고 있다. 동결건조보다 진공건조는 상변화가 없어서 열에너지가 이득이 되어 동결건조보다 생산가격이 저렴하다.

④ 동결건조

진공사태의 저온에서 압력을 0.2~0.8 torr와 같은 고진공으로 얼음의 승화에 의한 건조여서 배기펌프의 동력비가 높아 생산가격이 높다. 동결건조 커피 등에 사용되고 있다.

3) 건조기의 분류

(1) 대류형 건조기

열풍건조기라고도 하며 식품을 건조실에 넣고 가열된 공기를 강제적으로 송풍기를 이용하여 불어주는 강제 대류 방식에 의해 건조시키는 방법이다.

① kiln 및 cabinet 건조기

그 구조가 간단하며 쉽게 제작할 수 있는 장점을 가지고 있으며, 소량(1 ~ 2ton/day)을 건조하는데 적합하다. 그러나 이들 건조기는 아래와 위쪽의 건조차가 크기 때문에 건조시료를 수시로 환적해야 하는 번거로움이 따르게 된다. 따라서 공기 순환 장치를 설치하여 사용한다.

② tunnel 건조기

다량의 식품을 건조하는데 적합하고 과일, 채소를 궤도 운반차에 실어 이동되면서 건조되는 반연속식 건조장치이다.

· 병렬식 터널 건조기 : 열풍과 식품의 이동 방향이 같다.

· 향류식(counter-current) 터널 건조기 : 이동 방향이 서로 반대이고 열을 경제적으로 이용이 가능하다.

· 혼합류식 터널 건조기 : 병류식과 향류식을 조합한 건조기이다.

· 횡류식 터널 건조기 : 열풍과 식품의 이동 방향이 교차(좌우 옆에서 통과).

③ 유동층 건조기(fluidizcd bcd drycr)

입자 또는 분말 식품을 열풍으로 불어 올려 위로 뜨게 하여 재료와 열풍의 접촉이 좋게 한 장치이다. 완두콩, 콩, 곡류, 소금, 설탕과 슬라이드한 당근, 양파, 감자등의 건조 및 코팅 조립에도 이용된다.

· 열풍에 분산되기 쉬운 분말상태 고체 입자의 식품 건조에 적합하다.

· 열풍이 식품 표면의 전체에 균일하게 접촉되므로 건조 속도가 빠르고 균일하게 건조된다.

④ 기송 건조기

식품을 속도가 빠른 열풍 흐름에 날려서 긴 파이프를 통과하면서 건조하고, 출구의 싸이클론에서 건조 제품을 분리한다. 곡류, 글루텐, 전분, 분유, 달걀제품의 2차 건조 등에 이용된다.

· 가루나 입자 상태의 원료에 적합하고, 건조 표면적이 커서 건조 속도가 빠르다.

· 균일한 건조 제품을 얻을 수 있고, 건조와 동시에 수송하는 역할도 한다.

· 열풍의 재순환이 곤란하므로, 고온의 열풍으로 열효율을 높인다.

⑤ 회전건조기

식품을 긴 원통안에 넣고 원통을 약간 경사지게 회전시키면서, 원통안에 설치된 날개가 재료를 끌어올려 흐르는 열풍에 뿌리면서 건조시킨다. 열 안정성이 있고 대량 처리가 필요한 설탕, 포도당, 코코아 등의 건조에 이용된다.

· 수분이 적고 부피가 작아 쉽게 흐를 수 있는 입자로 된 식품의 건조에 적합하다.

· 교반 날개가 회전하여 혼합이 잘 되므로 건조 속도가 빠르고 균일한 건조가 된다.

⑥ 분무 건조기

열에 민감한 액체 또는 반 액체 상태의 식품을 열풍의 흐름에 미세입자(10 ~ 100μ m)로 분무시켜 신속(1 ~ 10초)하게 건조하며 열풍온도는 높지만 열변성을 받지 않는다. 분유, 인스턴트 커피, 인스턴트 홍차, 달걀, 과일주스, 분말 물엿, 유아 식품의 제조에 이용된다.

· 열풍에 노출되는 분무 입자의 표면적이 매우 커서 건조 속도가 빠르다.

· 건조가 거의 끝날 때 까지 열풍의 습구 온도(40 ~ 50℃) 이상 올라가지 않는다.

· 건조 온도가 비점 이상이면 표면에 막이 형성되었다가 내부 압력 때문에 팽창, 폭팔되면서 다공성인 스폰지 상태의 제품이 된다.

(2) 전도형 건조기

가열 표면에 직접 식품을 접촉시켜 식품의 온도를 높이는데 필요한 현열과 증발에 필요한 가화열 또는 승화열을 전도에 의해 전달하여 건조시키는 방법

① 드럼 건조기(drum dryer)

원료를 수증기로 가열되는 원통 표면에 얇은 막 상태로 부착시켜 건조하는데, 진공상태에서 건조하기도 한다. 드럼표면에 있는 긁는 칼날로 건조된 제품을 긁어낸다. 우유, 스크, 유아식품, 효모, 매쉬포테이토, 가용성 전분, 글루텐 등에 이용된다.

· 건조 속도가 빠르다.

· 열에 민감한 식품 건조에 이용된다.

· 점도가 높거나 고형분 입자가 크거나, 고형분 함량이 많아서 분무건조하기 곤란한 식품에 사용한다.

② 진공 건조기(vacuum dryer)

tray에 담긴 식품을 선반위에 올려놓고, 1~70mmHg의 진공상태로 유지하면서 70℃에서 건조한다. 선반은 이중구조로 되어있으며 속에는 수증기나 뜨거운 물을 회전시켜 가열한다.

· 초기 건조 속도는 빠르나 건조되면서 수축되어 굴곡이 생겨 트레이와 접촉이 균일하지 못하여 열전달이 감소한다.

· 과열로 열손상을 받지 않도록 선반위의 온도를 조절하여야 한다.

· 설비비가 많이 들어 열에 민감한 액체 또는 고체 식품의 건조에 적합하다.

③ 팽화 건조기

열풍 건조 과정중의 중간 건조 과정으로 이용된다. 1차 열풍건조 후 수분 함량 15 ~ 40%의 식품을 건조기 내에 넣고 외부로부터 회전 가열시키면서 온도를 150 ~ 200℃까지 가열한 후 고압(100 ~ 200KPa)에서 건조용기를 개방하여 갑자기 상압으로 식품을 분출시킴으로써 과열상태로된 조직중의 수분을 순간적으로 증발시켜 건조하는 방법이다. 과일 및 채소 건조에 많이 이용된다.

(3) 복사형 건조기

① 적외선 건조기

적외선(파장 0.75 ~ 400μ m)을 이용하여 식품 표면의 온도를 상승시키고 수분을 증발시켜 건조하는 장치

② 초단파(microwave) 건조기

microwave를 조사하면 식품 내부 수분의 격렬한 진동에 의하여 열이 발생되는 유전가열(dielectric heating)의 원리를 이용하는 건조방법

· 가열 효율이 높고 건조 시간이 짧다.

· 형상이 복잡해도 균일 건조가 가능하다.

· 수분이 불균일한 경우에도 균일 건조가 가능하다.

· 전파에 의한 에너지 제어가 용이하다.

· 사용주파수 : 2450MHz

③ 동결 건조기

식품을 빙점 이하의 온도(보통 - 40℃에서 급냉)에서 동결하고 수분이 액상으로 이동하지 않은 상태에서 직접 얼음으로 승화시켜 건조 제품을 얻는 진공건조(4.58torr)에 속하는 이상적인 건조방법으로 진공건조실, 진공장치, 가열장치로 구성되어 있다. 커피, 홍차 등의 차류 및 야채, 과일, 라면스프 등을 건조 시에 많이 이용된다.

11. 농축(Concentration)

1) 농축의 정의

농축(concentration 또는 evaporation)이란 용액으로부터 용매를 제거하여 용액의 농도를 높여주는 조작이다. 용매는 일반적으로 물 또는 유기용매이며 식품 공업에서는 주로 물인 경우가 많다. 이 농축조작은 식품가공 과정에서 식품 중에 유효물질의 농도가 낮을 때 농도를 높이는 수단으로 사용되고 있다.

농축과즙, 설탕, 식염, 각종 인스턴트차와 스프(soup)들은 농축조작만으로 만들어진 제품이거나 제조과정에서 농축조작을 거쳐서 생산된 식품들이다.

농축방법은 용매를 제거하는 방식에 따라 증발농축(evaporation) 및 냉동농축(freeze concentration)으로 나눌 수 있다.

2) 농축에 관계되는 현상

(1) 비점상승

일반적으로 증발농축한 식품은 수용액이며, 이것을 가열하는 열매제로는 수증기를 사용하기 때문에 수용액의 성질은 용질의 종류와 농도에 따라 다르며 농축이 진행되는 동안 계속 변화하는 특징을 갖고 있다. 용액의 성질 중에서 가장 중요한 것은 비점인데 농축이 진행되면 용액의 농도가 상승하면서 비점상승(boiling point elevation)현상이 나타나게 되어 순수한 물보다 높은 온도에서 끓게 된다.

(2) 증발관내 압력(evaporating pressure)

용액이 끓는다는 것은 용액의 압력과 외부의 압력이 같아질 때 일어나는 현상이다. 그렇기 때문에 만일 관내의 압력을 적절히 조절하면 비점을 조절할 수 있으며, 압력을 대기압 보다 낮춘 감압상태에서 가열하면 비등점을 낮출 수 있다.

이렇게 압력을 조절하여 끓는점을 낮추는 것은 식품을 낮은 온도에서 가열하여 열변성을 덜 일으키는 이점 이외에도 가열매체인 스팀과 수용액과의 온도차를 크게 만들어 열전달 속도를 크게 하는데도 도움이 된다. 따라서 식품공업에서 사용하는 농축은 대부분 감압농축 방법을 채택하고 있다.

(3) 점도의 상승

농축이 진행됨에 따라 수용액농도가 상승하면 자연히 용액의 점도(viscosity)도 커지게 되는데 점도가 증가하면 증발관 내에서의 액의 순환속도가 감소된다. 순환속도가 감소하면 열전달속도도 감소되어 결과적으로 열효율이 낮아진다.

따라서 이렇게 점도가 심하게 높아질 때는 자연대류에 의한 순환이 점덤 어려워지므로 별도의 강제순환장치를 설치하지 않으면 안 된다.

(4) 거품발생

식품과 같은 유기물은 끓을 때 거품(foaming)이 발생하는데 감압 조건에서는 더욱 많이 발생하게 된다. 다량의 거품이 발생하면 증발관 내를 온통 거품으로 가득 채워서 더 이상 농축을 계속할 수 없게 된다.

따라서 거품이 많이 발생하는 시료를 농축할 때 거품을 제거할 수 있는 특별 장치를 설치하거나 소포제를 첨가해 주어야 한다.

(5) 관석(罐石)과 부식성(腐蝕性)

증발관의 가열부는 수용액을 가열하는 중요한 부분으로, 총괄전열계수가 크도록 설계되어 있다(보통 1,000~3,000 Bu/h · ft^2°F 정도). 그러나 수용액과의 오랜 기간 접촉하게 되면 가열부 표면에 고형분이 쌓여 딱딱한 층을 형성한다. 이층을 관석(scaling)이라고 한다.

이 관석은 총괄전열계수를 크게 떨어뜨려 열전달을 크게 방해한다. 특히 액의 순환속도가 낮을 때는 관석의 형성이 크며, 증발관은 일정기간 사용한 후 가열부를 해체하여 관석을 제거하여야 한다.

(6) 비말동반(飛沫同伴)

증발관 속에서 액체가 끓을 때 아주 작은 액체방울이 생기게 되는데 이것이 증기와 더불어 증발관 밖으로 나가게 된다. 이와 같은 현상을 비말동반(entrainment)이라고 하는데 그 결과 농축된 액의 손실이 생기게 되므로 바람직하지 못한 현상이다.

따라서 대부분의 증발관은 비말동반을 방지하기 위하여 증발관을 떠나기 전에 액체방울을 분리할 수 있는 장애판(baffle)이나 또는 원심분리식 액체분리기장치를 설치한다.

3) 농축의 종류

(1) 증발농축

증발은 묽은 용액을 끓는점까지 가열하여 물을 수증기 상태로 제거하여 농축된 용액을 얻는 조작을 말한다. 증발농축은 캔디, 젤리, 연유, 추출분말제품 등의 제조에 부분적으로 이용되고 있는 방법인데 용액의 용질이 농축되어 점도가 높은 제품이 얻어진다. 농축과정이 진행되면서 수분이 제거되므로 자연히 용액의 점도가 높아져 순화속도가 떨어지고 열전달이 균일하지 못하거나 열전달 효율 및 속도가 감소하여 공정시간이 길어지므로 온도에 민감한 식품은 화학적, 물리적, 관능적 특성의 변질위험이 있다. 따라서 농축과정에서 열에 민감한 재료는 열손상을 받기 쉽기 때문에 증발하는 동안 감압하여 끓는 온도를 가능한 한 낮추어 농축시킨다.

(2) 증발장치의 종류

① 코일 및 재킷식 증발기

상압재킷식 증발기는 잼, 젤리를 생산하는 소규모 회분식 식품가공공정에 사용되며 재킷식증발기는 내부에 회전 코일을 설치하여 고점성 제품, 토마토 페이스트를 20~50%까지 농축되는데 사용되고 있다. 이러한 증발기는 비교적 열전달속도와 에너지 효율이 낮고 열에 민감한 식품은 품질이 손상되기 쉽다. 그러나 투자비가 적게 들어 다양한 제품에 이용하고 있다.

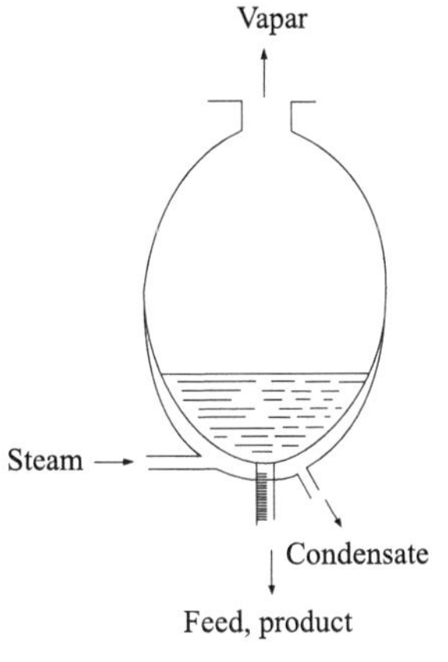

그림 11-1. 상압재킷식 증발기

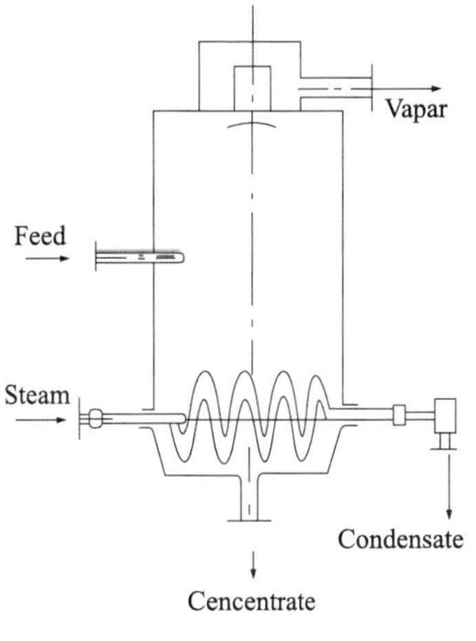

그림 11-2. 회전코일식 증발기

② 칼란드리아식증발기

중심에 큰 구멍이 있는 상하 두장의 철판에 여러 개의 파이프를 고정시킨 길란드리아가 실치 되어 있나. 점도가 커서 사연순환이 어려운 용액, 발포성 용액, 결정입자를 함유한 용액의 농축에 사용된다.

③ 장관형증발기(long tube evaporator)

상승박막식 증발기와 하강박막식증발기가 있다. 액이 얇은 필름상태로 가열파이프 벽을 상승하므로 열전달이 우수하고 액 깊이에 따른 끓는 점 오름도 없으며 가열 면과 접촉하는 시간이 비교적 짧아 열에 민감한 용액의 농축(유가공, 과즙의 농축)에 적합하다.

④ 기계박막식증발기

기계적교반에 의하여 필름을 형성시키는 형식으로 수직형과 수평형이 있다. 진공에서도 열전달이 우수하며, 농축시간이 짧아 발포성 용액의 증발에도 적합하다. 최대 장점은 고점성의 용액을 효율적으로 농축할 수 있는 것으로 토마토페이스트, 우유, 유당, 맥아즙, 육즙 등 열에 민감한 제품의 농축에 용도가 증가하고 있다. 장치비가 비교적 고가이고 처리량이 적어 점도가 큰 최종단계의 농축에 일반적으로 사용된다.

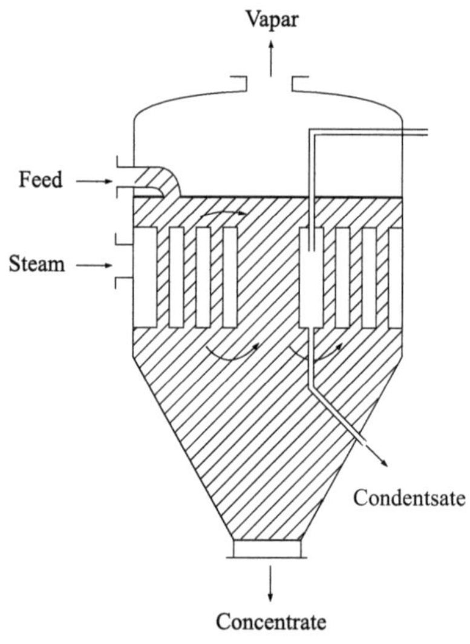

그림 11-3. 표준 칼란드리아식 증발기

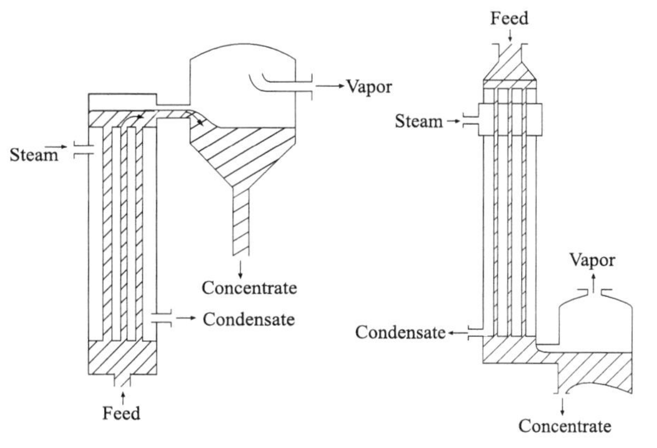

그림 11-4. 상승박막식 증발기 / 하강박막식 증발기

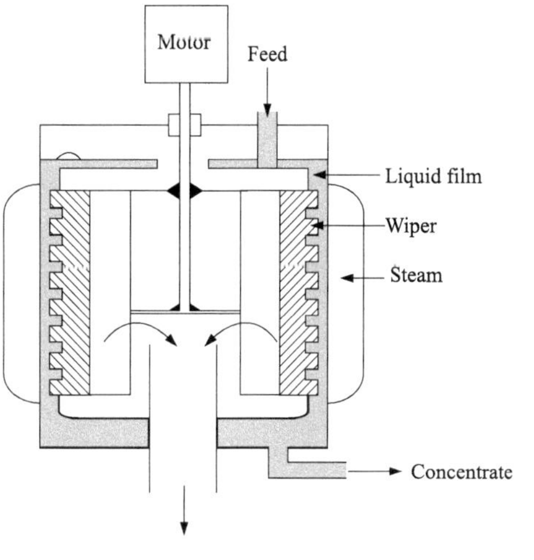

그림 11-5. 수직형 기계박막식 증발기

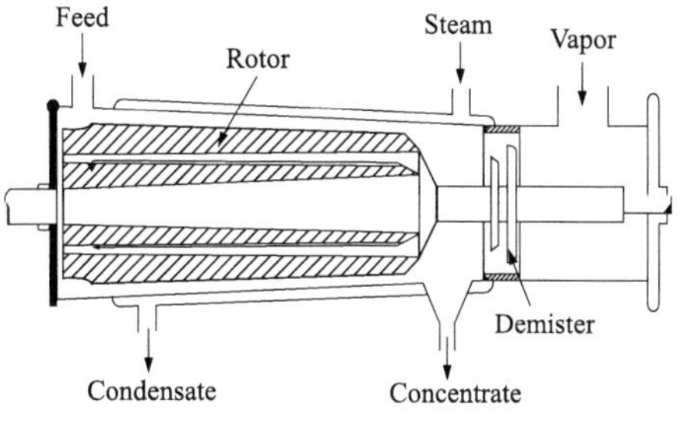

그림 11-6. 수평형 기계박막식 증발기

귤에서는 5 ~ 6배로 농축되어 45°Bx에서 54°Bx가 되지만 제품은 50°Bx로 조절하여 유통된다.

⑤ 플레이트식증발기

관형 열교환기를 가열부분으로 사용한 형식으로 증기분리실에서 플래시 증발(flash evaporation) 시키는 형식이다. 이 형식의 특징은 액체가 관내부를 얇은 필름 상태로 고속으로 이동하므로 열전달계수가 비교적 크고, 체류시간이 짧아 열에 민감한 용액의 농축에 적합하다. 열교환기의 관수를 변화시킴으로서 증발능력을 용이하게 조절할 수 있으며 설비면적이 적고 쉽게 해체할 수 있는 장점이 있다. 유제품, 오렌지주스, 맥아즙의 농축에 이용되고 있다.

⑥ 원심식증발기

열에 민감한 제품의 품질저하를 방지하고 용액과 가열면과의 접촉시간을 단축시키기 위하여 고안된 것으로 원심분리기와 관형 열교환기를 조합한 기능을 가지고 있다. 진공상태에서는 액체가 급속히 끓는 점에 도달되고 농축액과 증기는 원심력에 의하여 효과적으로 분리되어 농축액은 회전체의 원주를 따라 상부로 배출되고 증기는 중앙부분으로 배출된다. 액체가 원심력에 의해 가열면을 따라 고속으로 바깥쪽으로 이동하므로 아주 높은 열전달계수를 얻을 수 있으며 체류시간은 아주 짧다. 과즙과 우유농축에 적합하다.

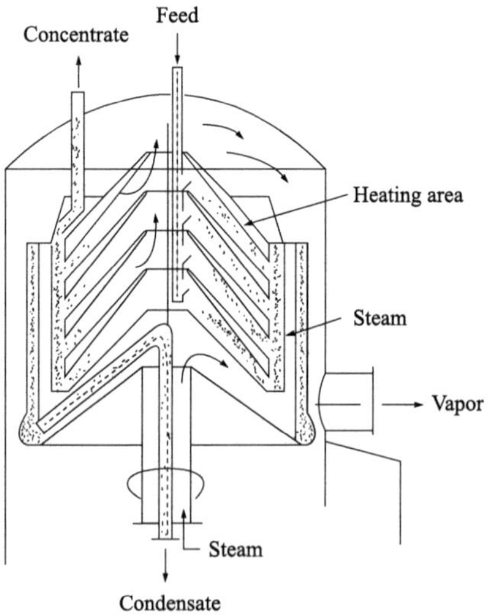

그림 11-7. 원심식 증발기

(2) 냉동농축(frozen concenrrate)

과즙을 순간 살균한 후 1/5정도로 농축시켜 -20℃에서 냉동저장한 것을 냉동농축이라 한다. 과즙 1에 대해 4의 물로 희석하면 원래의 과즙이 얻어진다.

농축된 과즙을 살균하지 않은 채로 용기에 충전하여 냉동저장한 것으로 희석하여 마시거나 과실주스와 제과용 원료로 사용된다. 농축은 과즙의 수분을 분리하여 용적을 작게 함으로써 저장, 수송에 적합하고 경제적으로도 유리하며 품질성분의 보존성을 높인다. 또한 냉동저장은 재가열공정이 없기 때문에 가열에 의한 품질의 변화가 없고 갈변, 풍미의 변화나 비타민 C의 감소도 거의 없으면 미생물의 생육을 억제하는 효과도 있다. 원료용 농축과즙으로서의 냉동농축 과즙은 그 후 각 공장에서 채택되어 원료용으로 주로 사용되고 있다.

① 냉동농축 우유(frozen concentrated milk)

무가당농축유는 보존성이 짧으므로 이를 동결하여 안전하게 장시간 저장할 수 있게 만든 것이다. 전지유와 탈지유로 제조되나 모두 주로 아이스크림의 원료로 사용된다.

② 농축과즙(concentrated fruit juice)

식품공전에서는 농축과즙을 원래 용량의 50% 이하로 농축한 것 또는 분말화 한 것으로 정의하고 있다.

과즙은 농축으로

ⓐ 용적이 감소하기 때문에 수송저장이 편리하게 된다.

ⓑ 일정규격의 것을 만들기 쉬워 과일의 생산시기와 품종 등에 따른 성분의 차이를 일정규격으로 조정할 수 있기 때문에 이를 사용한 가공제품의 품질유지에 적절하다.

ⓒ 높은 농도에 의해 저장성이 향상된다.

ⓓ 냉동과즙으로서 가공제품을 생산할 수 있는 이점도 있다.

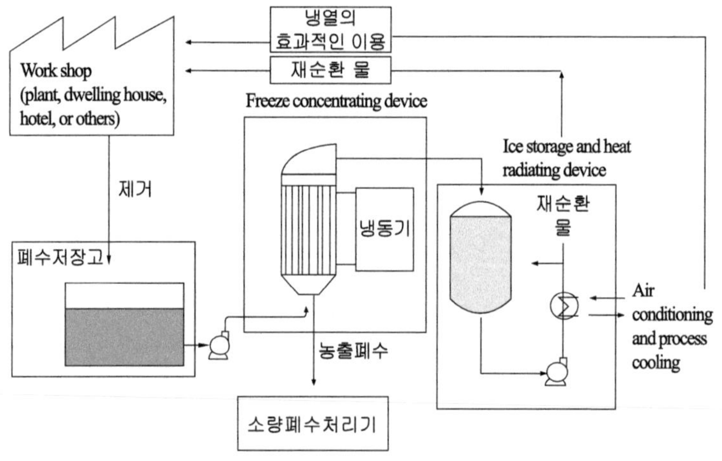

그림 11-8. 냉동농축장치

수입 오렌지 과즙은 63~65 ° Bx에서 유통되는 경우가 많고 사과의 혼탁 과즙은 40 ° Bx, 투명과즙은 70 ° Bx로 과실에 따라 다르다. 농축한 과즙은 냉동기로 급속 냉각시켜 폴리에틸렌 드럼관에 넣고 -50℃이하의 냉동고에서 보관한다. 과즙의 향기 성분은 진공가열 농축공정에서 손실되지만 많은 농축기에는 향기 성분의 회수장치가 설치되어 회수한 것을 농축 과즙에 다시 첨가한다. 또한 1/5~1/6까지 농축한 과즙에 신선한 스트레이트 과즙을 첨가하여 신선한 과즙 향기를 갖게 하는 방법도 사용되고 있다. 과즙농축법의 대부분은 진공가열법이지만, 최근 무가열로 농축할 수 있는 동결농축법이나 역삼투막에 의한 막농축법이 사용되기도 한다. 동결농축법이나 막농축법을 쓰면 신선한 향기가 잔조하고 가열 냄새도 없고 좋은 색상의 과즙이 얻어진다.

(3) 동결농축(freeze concentration)

액체식품을 가열 증발시키지 않고 수분활성도를 감소시키는 방법으로서 영양적, 관능적 가치를 최대한 유지시키는 농축 방법이다. 물이 동결될 때 휘발성 또는 비휘발성 성분이 함유되지 않아야 하며 얼음은 기계적으로 분리하여 결과적으로 액체식품이 농축되는 방법이다. 타 성분의 변질과 손실없이 식품에서 수분을 선택적으로 제거하기 때문에 휘발성 향기물질을 그대로 보존할 수 있다. 일반적으로 얼음핵의 형성과 함께 얼음 결정이 성

역삼투압 농축은 증발농축의 약 1/17의 에너지로 농축이 가능하고 또한 상온에서 조작할 수 있기 때문에 바람직한 방법이지만 농축한계가 가용성 고형분 농도로 30~40% 정도이고 조작 중의 투과율이 저하, 반투막의 세척 등에 해결해야 할 문제가 있다.

장되어야 하기 때문에 동결은 빙점 부근에서 이루어짐이 효과적이다. 얼음 결정이 성장하면서 농축이 더 잘 일어나는 것은 크게 성장한 얼음 결정 형성으로 농축액의 양이 감소하고 농도가 증가하기 때문이다. 용액의 농축과 함께 빙점의 감소를 이용하여 농축 효율을 구할 수 있다.

동결농축기의 기본적인 구성은 액체식품을 동결시키는 부위와 얼음을 성장하게 하는 Mixing vessel과 농축용액으로부터 얼음을 제거하는 분리기로 구성되어 있다. 액체식품을 동결시키는 부위는 직접동결 시스템과 간접동결 열교환기가 사용된다. Mixing vessel에서는 Paddle agitator가 서서히 회전한다. 분리는 원심분리와 여과에 의해 일어난다. Wash colum은 수직의 밀폐된 실린더의 바닥으로 농축얼음 슬러리를 주입하게 되어있고 대부분이 결정 상태로 제거된다. 농축은 일단계 또는 다단계의 설비가 필요하며, 다단계 농축인 경우는 낮은 에너지 소비와 높은 생산성 속도를 가지고 큰 얼음결성 생성과 효율적인 세척 개발로 최대 농축 45%까지 증가시킬 수 있다.

동결농축은 과일주스, 식초, 절임용액 등에 사용되고, 커피추출물의 동결건조 전 예비농축 또는 포도주의 알코올 함량을 증가시키기 위해 사용된다. 동결농축은 수용액 중의 일부 수분을 얼음결정으로 석출시킨 후 이것을 액체상으로부터 분리하여 용액을 농축하는 방법으로, 가열증발법과 비교할 때 에너지면에서 유리할 뿐만 아니라 저온에서 조작하므로 미생물오염, 용질의 열화, 휘발성 방향성분의 손실을 억제할 수 있다. 고급품을 얻는데 주로 이용되지만, 장치 설치비, 조작비용이 많이 들고 조작도 복잡한 편이다. 동결농축은 0℃ 이하의 저온영역에서 농축할 수 있기 때문에 품질이 좋은 농축액을 얻을 수 있다. 그러나 효율이 낮고 용질이 손실되는 등의 문제가 남아 있다.

(4) 막농축(membrane concentration)

대부분 경제적인 이유로 진공농축법을 산업적으로 많이 이용하나, 무가열로 농축할 수 있는 동결농축법이나 역삼투막에 의한 막농축법이 사용되기도 한다.

12. 살균 (Sterilization)

1) 식품살균의 정의

식품살균은 식품가공과 기술, 즉 식품위생분야에서는 식품의 보존성 향상 및 식중독 세균의 사멸 등을 목표로 한 가열처리로 정의한다. 식품의 부패는 미생물의 번식에 의하므로 식품의 저장, 가공을 위해서는 살균해야 한다. 살균에는 가열살균, 자외선살균, 고주파살균, 가스살균, 방사선살균, 살균제 살균, 여과멸균 등이 있으나 식품에는 가열 살균이 주로 사용되고, 다른 방법이 병용된다.

(1) 살균의 의의

식품의 각종 유해 미생물이 번식하기에 알맞은 영양분을 가지고 있기 때문에 그대로 방치할 경우 미생물의 번식 피해를 받는다. 미생물로 오염된 식품은 쉽게 변질 또는 부패되므로 식품으로써 가치를 잃게 될 뿐만 아니라 섭취하면 식중독까지 일으키게 된다. 따라서 식품을 장기간 보존하고 안전하게 먹을 수 있게 하기 위하여 오염된 미생물을 죽이는 살균조작이 필요하다.

(2) 가열살균시 고려사항

첫째, 미생물의 사멸온도

둘째, 미생물 자체의 내열성과 오염정도

셋째, 식품의 종류

넷째, 식품을 담는 용기의 열전도도 및 열전달 방식 등

다섯째, 식품의 pH 등에 영향을 받으며 맛, 성분의 변화에도 영향을 준다.

(3) 가열살균의 분류

① 살균온도에 따른 분류

가열살균은 가열온도에 따라 고온살균과 저온살균으로 분류한다.

· 고온살균 : 내열성이 높은 미생물을 죽이기 위하여 100℃ 이상의 높은 온도에서 살균하는 것을 말한다.

· 저온살균 : 열에 약한 병원균이나 포자를 형성하지 않는 무포자균과 영양세포를 죽일 수 있는 정도의 낮은 온도, 즉 100℃ 이하에서 살균하는 것을 말한다.

② 살균정도에 따른 분류

· 완전살균 : 가열살균에 의해 식품 중에 들어 있는 미생물을 완전히 죽이는 살균방법을 말한다.

· 부분살균(상업적 살균) : 실제로 식품중에 들어 있는 미생물을 완전히 사멸하기는 그렇게 용이하지 않다. 그리고 구태여 그럴 필요가 없는 경우가 많다. 즉, 살균은 대부분 식품을 장기간 저장하기 위하여 사용되기 때문에 저장기간 동안 식품의 품질을 완전하게 보존할 수 있는 정도로 미생물의 수를 줄이거나 생육활동을 억제 또는 식품의 변질과 관계가 있는 효소활동을 불활성화시키는 것으로 충분할 때가 많다. 따라서 식품공업에서 오염된 일부만을 죽이는 것을 부분살균이라하며, 살균이라 하면 흔히 이 부분살균을 말하는 경우가 많다. 이와 같은 살균방법을 일명 상업적살균(commercial sterilization)이라 한다. 부분살균을 하게 되면 식품의 품질변화 방지 효과 뿐만 아니라 에너지 절약효과도 크다.

(4) 가열 치사시간

세균은 가열 치사시간(thermal death time)이 있다. 치사율은 초기의 세균수에 비례하여 남아있는 숫자이다. 어떤 온도에서 10분간 세균 90%가 죽는다고 하면 남은 세균의 90%를 죽이는 데 다시 10분 걸린다. 이 곡선의 경사는 미생물에 따라 다르며, 경사가 급할수록 열 저항성이 작다. 어떤 온도에서 존재하는 미생물 90%를 사멸시키는 데 소요되는 시간은 D값(decimal reduction time)이라 한다.

2) 살균법

가열살균은 저온살균법(100℃이하의 살균)과 고온살균법(100℃ 이상의 살균)이 있다. 저온살균(pasteurization)은 맥주, 청주, 우유, 간장, 주스, 과실통조림 등의 살균에 쓰인다. 고온

살균(processing sterilization)은 고온증기솥(retort)을 사용하여 110~125℃에서 살균한다. 수산물, 축산물, 채소류의 통조림과 병조림은 고온살균한다.

(1) 가열살균법

식품의 가열살균은 저온살균과 고온살균으로 나누어지며, 적용온도는 100℃를 한계로 하며 100℃이하에서는 아포형성균이외의 대부분의 병원성 및 부패원인균은 사멸된다.

(2) 냉살균법

냉살균(cold sterilization)은 가열살균에 반대되는 의미로서 별로 높지 않은 온도에서 미생물을 사멸시키는 수단으로 약제살균, 방사선살균 및 자외선살균으로 나눠진다.

3) 식품살균 방법

필요 이상의 가열처리는 식품의 품질 열화 초래하며,식품살균에 있어서 식품의 특성, 요구되는 보존성, 포장형태 등을 고려하여 살균방법과 조건 선택한다.

(1) 식품 살균법의 분류

· 온도차에 의한 분류 : 저온살균법, 고온살균법(상압, 가압살균)

· 열원에 의한 분류 : 증기살균법, 건열살균법

· 처리시간에 의한 분류 : 순간살균법(순간저온, 순간고온살균), 간헐살균

· 물량에 의한 분류 : Bulk살균법, 개장살균법

· 조사전에 의한 분류 : 자외선 살균법, 적외선 살균법, 방사선 살균법

· 제균 : 여과, 침강(원심분리), 전기적제균, 세정

① 저온살균법(LTLT)

· 100℃ 이하의 온도에서 살균하는 방법

· 보통 60~65℃에서 30분간 가열 또는 68.3℃에서 20분간 가

열 → 병원균 사멸(가열 후 즉시 냉각)

· 처리시간이 길어 비능률적

② 증기살균법(steam pasteurization)

· 수증기로 100℃ 또는 그 이상의 온도로 살균(보통 가압증기 살균 실시)

③ 간헐살균법(discontinuous sterilization)

· 내열성균 완전살균 필요 시 고압살균기가 없을 때 또는 고온으로 인하여 성분변화가 초래될 경우 이용

· 1일 1회씩 100℃에서 20~50분간 연속 3일을 같은 시간에 반복 가열살균(포자 형성 미생물 사멸 목적)

④ 고온단기간 살균법(HTST or UHT)

· 신선미와 영양소 보존을 중요시하는 식품의 살균에 이용

· 75℃에서 15초 정도 처리 또는 120~150℃에서 1~2초로 처리

⑤ 병장살균법(충진식 살균법, pasteurization in bottle)

· 액체를 병에 넣고 96~98℃에서 15분간 가열하는 방법

· 살균 후 오염이 없으나 병 내부 온도를 정확히 측정하기 곤란

⑥ 열탕(자비)살균법(pasteurization by boiling water)

· 100℃ 물에서 30분간 살균(완전 살균은 어려우나 대부분의 병원균 사멸 가능)

· 화농균 및 기생충 알이 사멸될 수 있기 때문에 식품, 각종 조리용구 및 기구 등에 이용

⑦ 건열살균법(dry sterilization)

· 공기를 가열시켜 140~160℃에서 30~60분 정도 가열 살균

· 식품이나 용기 등의 살균

⑧ 전기살균법(electro pure process)

· 많이 사용되지 않는 방법이나 교류 전기로 열을 발생시켜 살균

방사선 조사량에 따른 방사선 조사 이용목적

1. 0.5 ~ 1kGy(저선량조사) : 발아억제, 해충기생충 방제, 생과일 생선, 채소 등의 성숙기간 연장
2. 1 ~ 10kGy(중선량조사) : 생선, 딸기 등의 저장기간 연장, 병원균, 부패균 살균
3. 10 ~ 15kGy(고선량조사) : 멸균

식품의 방사선 조사의 문제점

1. 유해물질의 생성 : 10kGy 이상의 경우
2. 영양소의 파괴
3. 발암성 물질의 생성 : 고선량 조상의 경우
4. 유전적 변이의 생물의 생성
5. 유도방사능의 생성
6. 잔류 미생물에 의한 유해성

⑨ 극초단파 살균법(microwave process)

· 식품을 포장된 상태로 단시간 내에 microwave를 쏘여 가열시키는 방법

· 가열속도가 빠르고 가열이 균일하며 식품의 열 손상을 줄일 수 있다.

· 열효율이 크고 장치가 간단하며 무취급이 용이

⑩ 동요식 살균법(agitating sterilization)

· 열전달을 효과적으로 하기위해 내용물이 담긴 용기 자체를 회전시키거나 살균솥(retort)을 회전시켜 용기를 동요케 하여 살균효과 증가

· 통조림에서 주로 이용되는 방법

⑪ 상업적 살균법(commercial sterilization)

· 식품의 품질을 최대한 유지하기 위해 완전살균하지 않고 위생상 위해한 미생물을 대상으로 가열 살균하는 것

· 산성의 과일통조림에 많이 이용(100℃ 이하 70℃ 이상으로 살균 실시)

· 식품 품질 유지, hurdle effect(몇 가지 보존요인을 적용시켜 살균효과를 극대화, 예를 들면 유기산이나 당의 효과병행) 이용

⑫ 방사선살균(radiation sterilization)

· 방사선 조사

· 식품의 방사선조사란 식품보존을 연장하는 방법으로 방사선을 이용하여 식품의 생물학적 변화를 억제(해충, 기생충 방제, 병원균, 부패균 살균, 숙도의 조절, 발아억제)하는 기술이다.

· 약 30여 종의 식품에 방사선 조사가 허용되어 왔으며 방사선 조사로 인한 유용성이 밝혀져 있지만 한계점과 문제점도 있다. 세계보건기구(WHO)와 국제연합식량농업기구(FAO)는 식품에 있어 방사선 조사의 양을 10kGy 이하로 권장한다. 우리나라 식품위생법에 근거하여 방사선의 선원 및 선종은 60CO의 감마선으로 하며 조사한 식품을 다시 조사하

초고온 순간살균법은 수증기를 식품과 직접 접촉시켜 가열하는 직접가열법과 열교환기(판형, 관형, 표면긁기, 열교환기를 사용하여 냉각하는 간접가열법이 있다. 그리고 입자상의 고체식품을 무균가공하는 Jupiter 시스템들이 있다.

여서는 안 된다.

4) 살균장치

(1) 용기내 살균장치

① 회분식 살균기 : 레토르트(retort)

레토르트의 내부를 100℃ 이상으로 유지하기 위하여 고압 증기를 사용하므로, 그 압력에 견딜 수 있게 강철판으로 견고히 제작되었으며, 또 완전히 밀폐할 수 있는 개폐 장치도 갖추어져 있다.

레토르트의 형태에는 각형과 원통형이 있으며, 또 원통형에는 수평형(horizontal type)과 수직형(vertical type)이 있다. 원통형은 압력에 잘 견디고 제작하기 쉬우나, 내부의 유효 공간이 적은 단점이 있으며, 각 형은 이의 반대이다.

② 연속식 가압살균기

연속식 살균기에는 조작 압력에 따라 가압 살균기와 상압 살균기가 있으나, 상압 살균기는 살균 중에 형성되는 내부 압력에 견딜 수 있는 작은 용기에만 사용할 수 있다.

연속식 가압 살균기는 연속식 가압 가열 냉각기(continuous pressure cooker cooler), 연속식 살균기(hydraulic sterilizer) 등으로 나눌 수 있다.

(2) 용기외 살균법(무균조작법 · 무균공정)

이 살균법은 식품을 용기에 담기 전에 살균하여 무균포장하는 방법으로서, 무균조작법(asceptic process)이라고 한다. 보통 고성능의 열교환기에 의하여 순간적으로 가열 처리되므로 가공 시간이 단축되고 제품의 품질이 향상된다. 이와같이 고온에서 순간적으로 살균하는 방법을 고온단시간(순간) 살균(high temperature short time process)이라 한다.

살균온도를 100℃ 보다 낮은 온도에서 살균하는 방법을 저온살균(pasteurization)이라 하며, 이와 같은 조건에서 살균할 수 있는 장치를 저온살균장치(pasteurizer)라 한다.

원래 미국보건성에 따르면 저온살균이라는 것은 총칭해서

파스쳐라이저(pasteurizer)라고 부르는데 이 때의 살균온도는 72℃ 보다 높은 온도에서 살균하는 고온순간살균이나 초고온순간살균방법을 사용하고 있다.

① 고온 순간살균

121~130℃의 높은 온도에서 15~30초간 살균하는 것을 말한다.

② 초고온 순간살균

150~160℃에서 3~7초간 살균하는 것을 말한다.

5) 살균 조건

① pH

pH 4.5 이하의 산성과 강산성 식품에는 내열성 세균포자가 발아하지 않고, 곰팡이, 효모, 내열성이 약한 젖산균 등만 발아하므로 100℃이하에서 저온살균할 수 있다. 그러나 pH가 중성에 가까운 것은 115℃에서 80분 정도 가열해야 한다. pH 5.5 이상의 식품은 클로스트리듐 보툴리누스균을 사멸시키기 위해 중심부를 120℃에서 4분 이상 살균해야 한다.

② 수분

미생물은 자유수만 이용할 수 있다. 물에 삶아낸 것은 수분활성 0.95 이상이기 때문에 미생물이 매우 번식하기 쉽다. 밤통조림(Aw 0.8 전후), 생선조림(Aw 0.7 전후)과 같이 수분활성 0.94 이하인 식품은 균의 내열성이 약하여 저온살균할 수 있다.

③ 기타

용기의 종류나 크기(열전도율), 식품의 점도, 전분함량 등이 있다.

표 12-1. 미생물의 가열살균조건

종 류		가열온도(℃)	가열시간(분)	비고
곰팡이	균사 포자	60 60~70	5~10 5~10	건열로 120℃ 에서 30분간 죽지 않는 것도 있다
	영양세포 포자	50~58 55~65 6~65	10~15 2~3 10~15	
	Salmonella	60	4.3	
	E. coli	57	20~30	대장균
	Staphylococcus aureus	60	19	화농균
	Bacillus subtilis	100	15~20	고초균
	Flat sour bacteria	100 135	70 –	통조림에서 발생
	Cl. botulinum	100	330	
	Cl. caloritolerans	100	520	

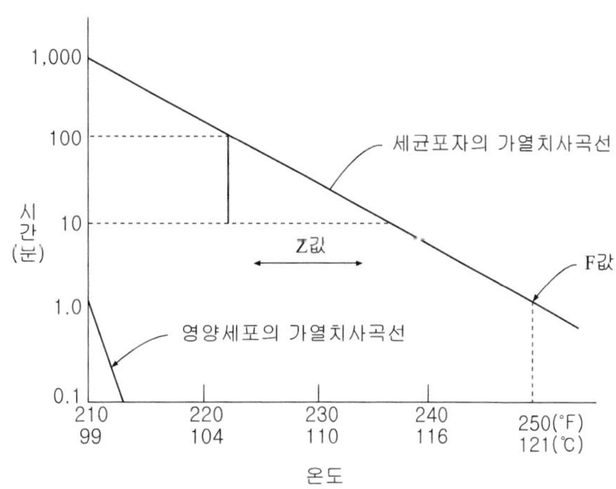

F값 : 값 일정온도(121.1℃)에서 일정농도의 미생물을 사멸시키는 데 필요한 시간(분)
Z값 : 미생물 균체수가 1/10로 감소하는데 필요한 온도(℉), D값이 1/10로 변하는데 걸리는 온도 차
D값 : 미생물 균체의 수는 1/10 만큼 감소하는데 소요되는 시간(Decimal reduction time)

그림 12-1. 영양세포와 세균포자의 가열치사곡선

13. 증류

1) 증류의 의의

비점이 서로 다른 2가지 이상의 물질을 포함한 용액을 가열하면 비점이 낮은 성분은 쉽게 증발하여 액상에서 기상(증기)으로 이동된다. 이때 증기를 응축하여 액화시키면 이 액체는 원래의 용액보다 훨씬 높은 농도의 저비점 성분을 포함한다. 따라서 혼합액을 비등시켜 발생하는 증기를 응축함으로써 저비점 성분을 고비점 성분들로부터 분리할 수 있다.

이와 같은 예는 주정 발효액을 가열하여 발생하는 증기를 응축해서 위스키(고농도 에탄올액)를 제조하는데 이용된다.

2) 증류장치의 종류

(1) 단증류장치

혼합용액을 끓일 때 발생하는 증기를 전부 응축하여 이를 회수하는 증류법으로 위스키의 제조 등에 사용되고 있는 증류장치이다.

(2) 분류장치

분류장치를 정류(rectification)장치라고도 하며 혼합액을 구성하는 여러 가지 성분의 비점의 차이에 따라 분별 증류하여 각각의 성분을 분리하는 증류장치를 말한다.

증류에 의한 저비점 성분의 분리는 기-액 평형단수가 많을수록 잘 되기 때문에 대부분의 증류장치는 여러 개의 평형단수(증류단수)로 이루어져 있다. 이와 같이 여러 개의 증류단(stage, plate, tray)으로 이루어진 탑을 증류탑(distillation tower)이라고 하는데 증류탑을 흔히 다단식(multistage)증류탑이라고 한다.

3) 증류(distillation)

2종류 이상이 혼합된 용액의 각 성분의 끓는 점 차로 분리하는 조작이다. 단증류는 혼합 성분의 끓는점 차이가 큰 경우에 사용한다. 정류는 증류된 성분을 다시 각 온도에서 나누는 방법이다. 수증기증류는 고비점에서 열분해되기 쉽고, 물에 녹지 않는 물질을 저온에서 증류하며, 상압진공에서 한다. 증류는 주정, 브랜디, 위스키, 소주, 고량주 등의 증류주 제조, 과즙 농축, 유지 탈취, 용매 회수, 지용성 비타민, 모노글리세리드 증류에 이용된다.

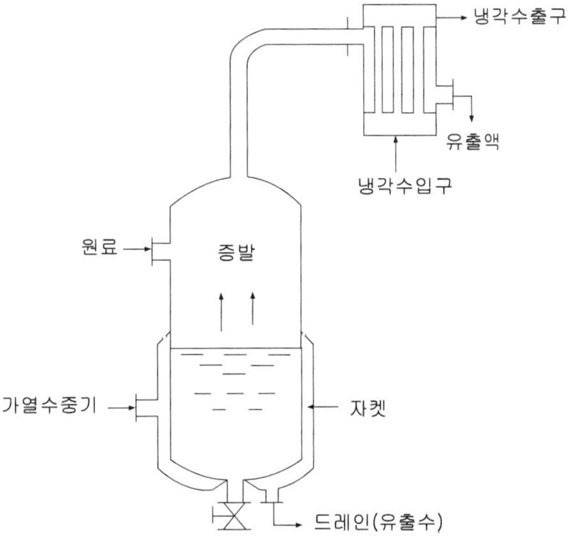

그림 13-1. 단증류기

14. 포장

1) 포장의 의의

식품의 포장이라 함은 식품을 수송, 보존, 위생, 취급의 편리 및 상품적 가치를 갖출 수 있도록 적절한 용기에 담거나 싸주는 것을 의미한다. 포장에 사용되는 재료를 조장재라고 하는데 포장재료로는 금속, 유리와 같이 견고한 것이 있는가 하면 종이, 플라스틱 필름(plasitic film)과 같이 유연한 성질을 가진 것이 있다. 포장은 포장재의 종류에 따라서 두가지로 구분할 수 있는데 앞의 경우를 흔히 통조림포장(canning), 뒤의 경우를 유연포장이라 한다.

2) 식품포장의 기본적 요소

최근 포장기술의 발달은 포장의 종류를 다양화시켰으므로, 포장의 종류와 방법을 하나하나 들기는 곤란하다. 포장기술의 기본적 요건을 보면 다음과 같다.

(1) 식품의 보호차원

① 포장재의 물리적 강도

② 외부와의 차단성

③ 식품성분과의 반응에 따른 안전성 등

(2) 실제 포장작업상

① 작업상

② 경제성

③ 상품성 등

(3) 소비자 차원

① 저장성

② 상품성

③ 간편성 등

3) 포장의 종류

(1) 물리적 결속법

불안전한 링, 고무, 노끈 대신 철사 등으로 강하게 묶는 방법이다. 즉 플라스틱 필름으로 식품을 포장하고 그 양쪽을 금속 밴드로 밀봉하는 것인데, 주로 소시지와 같은 종류의 포장에 이용된다.

(2) 가열용융 접착법

플라스틱이 가열 처리될 때 용융 접착되는 원리를 이용한 것이다. 즉, 일부의 필름 재료를 녹여서 접착시키는데 될 수 있는 대로 다른 부분에 영향이 없도록 국부적인 가열이 필요하다. 대부분의 플라스틱 필름의 포장은 이 방법에 의한다.

이 방법에는 가열 용착법, 가열 용융법, 순간 전류 가열법, 고주파 가열법 및 초음파 결합법의 다섯 가지가 있다.

(3) 가열 용착법

가장 일반적인 방법으로서, 보통 히이트 시일(heat seal)이라 한다. 즉, 니크롬선으로 열판을 가열하여 소정의 고온이 유지되면 열판사이에 내열선 필름층을 넣어서 포장 재료에 밀착시킨다. 이때, 열이 포장재료를 녹여서 접착이 된다.

(4) 가열 용융법

포장필름의 접착할 부분을 겹쳐서 금속판으로 누르고 금속판 밖으로 나온 필름부분을 불 또는 니크롬선으로 가열 용융시켜 접착 밀봉한다.

(5) 순간전류 가열법

이것은 일반적으로 임펄스 시일(impulse seal)이라는 방식이다. 이 방법도 니크롬선에 의한 가열 용착과 같으나 히이트 시일은 열판이 계속적으로 고온을 유지하고 임펄스 시일은 필요할 때에만 가열되는 점이 다르다. 즉, 상하로 움직이는 금속판에 절연 가열용 금속테이프가 감겨져 있는데 이 금속테이프에 포장필름이 압착되면 순간적으로 전류가 흘러서 소정 온도에 도달되어 필름이 녹아 접착된다.

(6) 고주파 가열법

비녹선성 플라스틱의 불연면적에 고주파를 작용시키면 발열하게 되는 원리를 이용한 것이다. 즉, 2장의 금속사이에 2장의 필름을 놓고 압착한 다음, 고주파 전류를 작용시키면 필름의 접착부가 가열 용융되는 동시에 압력으로 굳게 결합된다.

(7) 초음파 결합법

초음파진동을 플라스틱에 가하면, 분자 진동의 결과로 발열이 되어 용융하게 되는 원리를 이용한 것이다.

4) 포장기의 종류

(1) 결속기

(2) 가열 접착기

(3) 개장기계

① 자동 포장기계

② 자동제대 포장기계

③ 진공 포장기계

④ 체임버식 진공 포장기계

⑤ 질소가스 충진 포장기계

⑥ 진공 성형 자동 포장기계(vacuum forming machine)

5) 외장기계

외장 기계의 대표적인 것으로는 케이스 패커(case packer)와 병조림 및 통조림 자동 라벨러(auto-laveler), 종이밴드 스트레처(stretcher)등이 있다.

6) 자동 라벨러

15. 증발, 농축(Concentration) II

증발은 수분을 제거하여 부피를 줄이는 것으로, 주로 액상식품을 농축한다. 바닷물을 햇빛으로 증발시켜 소금을 얻거나(천일염), 솥으로 물엿을 증발시켜 엿이나 캔디를 얻거나, 우유을 농축시켜 연유를 만든다.

농축은 건조제품의 전처리, 용질의 분리, 새로운 물성과 풍미의 부여(잼 등), 보존성 증가, 저장성과 수송경비 절감에 목적이 있다.

농축에는 여러 증발관을 사용한다. 증발관은 증기 가열부와, 증발농축 액과 발생 증기 분리기로 이루어져 있다. 상압에서 가열 농축하면 착색되거나 분해되지만, 진공농축은 변질이 적다. 한외여과(ultra filtration, UF)와 역삼투(reverse osmosis, RO)로도 농축한다. 이들 방법은 열을 필요로 하지 않기 때문에 에너지 소비량이 적고, 품질의 열화를 줄일 수 있다.

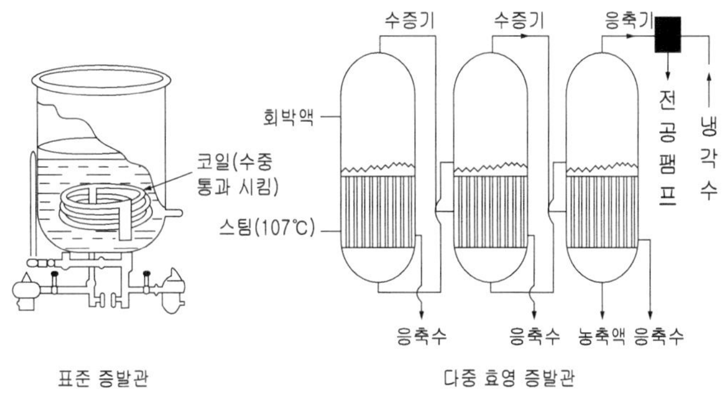

그림 15-1. 농축 및 증발 기구

소규모 농축 · 증발에는 이중솥이나 표준 증발관을 사용한다. 대규모 농축 · 증발은 진공 감압증발기를 사용한다. 진공 농축은 고온 공기에 접하지 않으므로 변색하고 열에 불안정한 것(비타민 · 기타)의 분해를 막을 수 있고 대기압 농축보다 증발 능률이 증가하고 저압증기나 폐증기를 이용할 수 있다.

16. 흡착

흡착은 기체나 액체를 고체에 접촉시키면 고체에 결합하는 성질을 이용하여 분리하는 조작이다. 흡착제는 활성탄(active carbon), 산성백토(acid white clay), 실리카겔, 골탄(bone black), 이온교환수지(ion exchange resin) 등을 사용한다.

활성탄은 다공질로, 내부 표면적이 커서 유시나 물, 수용액의 탈색과 정제에 널리 이용되고 있다. 간장에 숯을 띄우는 것을 불순물의 흡착에 목적이 있다. 산성백토는 염화알루미늄이 주성분으로, 유지의 탈색과 탈취에 이용되고, 실리카겔은 그물눈 구조를 가져서 공기 중의 수분 제거나 제습제로 이용된다. 골탄은 인

산칼슘이 주성분으로, 수용액의 탈색에 이용된다. 이온교환수지는 음이온을 흡착하는 것을 음이온교환수지, 양이온을 흡착하는 것을 양이온교환수지라 하며, 물과 용질의 정제에 이용한다.

17. 가열(Heating)

식품의 조직을 부드럽게 하거나 성분을 변질시키는 데 사용한다. 가열은 열전도, 대류, 복사선에 의하며, 자숙(삶기)은 물과 함께 가열하는 것, 증숙(찌기)은 수증기로 가열하는 것, 배소(볶기)는 불로 굽는 것이다.

가열은 미생물을 파괴하여 식품을 보존하고, 수분을 제거하고, 향기를 생성하고, 식품을 연하게 하고, 맛있게 하고, 유해성분을 제거한다. 또, 녹말의 호화, 효소의 불활성화, 단백질의 변성, 당류와 아미노산과의 아미노카르보닐반응(Maillard 반응), 당의 카라멜화, 유지의 중합 등으로 제품의 품질을 향상시킨다.

철제 가열기는 산성 식품에 좋지 않고, 구리솥은 열전도율이 좋아서 연료는 절약되지만 녹이 유독하므로 좋지 않다. 스테인레스 스틸과 사기를 입힌 범랑은 산성 식품이나 알칼리성 식품 처리에도 강하다.

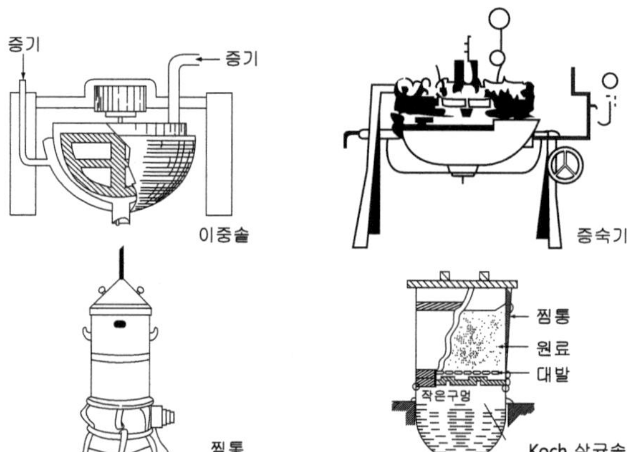

그림 17-1. 솥

1) 열교환장치

열교환기는 대부분 금속 벽을 사이에 두고 고온 유체와 저온 유체사이의 열교환을 하는 장치이다. 식품산업에서는 열에 민감한 원료와 점도가 큰 원료를 취급하는 경우가 많기 때문에 판형 열교환기가 많이 사용된다.

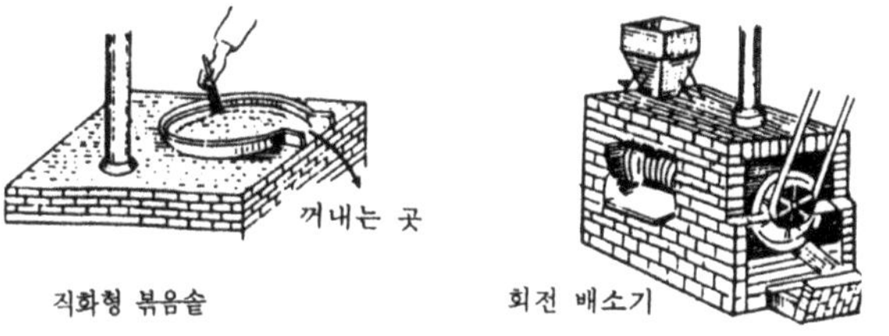

그림 17-2. 볶기

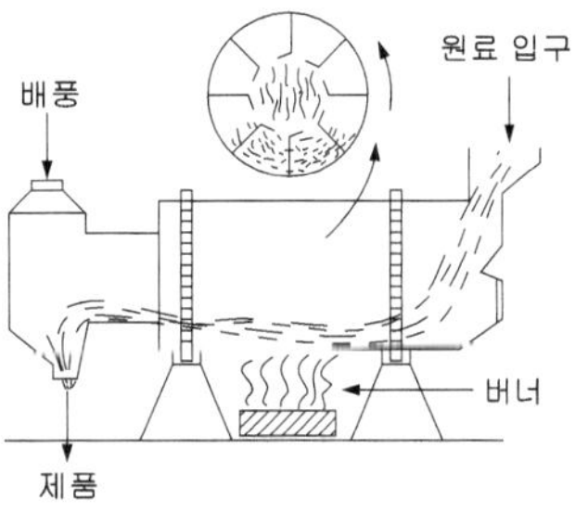

그림 17-3. 회전 가열 건조기

① 재킷형(Jacket type) 열교환기

재킷형 열교환기는 스팀과 같은 가열매체를 재킷 속으로 흐르게 하여 내벽과 식품사이에서 열교환을 일으켜 식품을 가열하는 장치로 액체식품을 가열하거나 농축하는 데 사용되며 소규모공정에서 이용된다.

② 코일형(Coil type) 열교환기

코일형 열교환기는 열전도율이 좋은 관을 코일형으로 감아 탱크 안에 장치한 것이다. 열교환 면적은 코일의 길이에 비례하므로 그 길이를 길게 하면 열전달 속도를 크게 할 수 있다. 비교적 많은 양의 유체식품을 가열하는 데 사용된다.

③ 원통다관식(Shell and Tube) 열교환기

원통형 철관(shell) 속에 여러 개의 관다발을 넣어 만든 것으로 열교환 장치 중에서 가장 대표적인 것이라 할 수 있다. 부피가 작은 데 비하여 넓은 전열면적을 얻을 수 있는 장점이 있으나 위생적인 작업을 할 수 이없는 결정이 있다. 우유농축공장에서 우유의 예열, 살균, 스팀의 응축장치 등에 널리 사용된다.

④ 판상식 열교환기(Plate Heat Exchanger)

장방형의 얇은 금속판들을 조립한 열교환기로, 금속판은 홈이 파여져 있으며 가장자리는 실리콘수지 재킷이 붙어있다. 스테인리스 강판들을 여러 장 겹쳐서 조인 것으로 유체를 빨리 흐르게 한다. 열교환이 신속히 일어나 효과적으로 식품을 가열할 수 있으며 총괄전열계수가 매우커서 짧은 시간에 가열 또는 냉각할 수 있다. 또한 청소하기 쉽고 유지보수가 간단하나 비싸고 고압과 점도가 높은 유체에 사용할 수 없는 결점이 있다. 열변성이 잘 일어날 수 있는 유제품, 주스 등의 액체식품을 가열, 냉각, 살균하는 데 널리 이용된다.

⑤ 보테이터식(Votator Scraped Surface Type) 열교환기

회전식 열교환기라고도 하며 아이스크림 제조기로 알려져 있다. 총괄전열계수는 상당히 큰 편이나 전열면적을 크게 할 수 없어 많은 양을 처리하는 데는 부적합하다. 쇼트닝, 버터, 마가린, 아이스크림 제조 등에 많이 이용된다.

⑥ 보일러(Boiler)

식품산업에 널리 쓰이는 스팀제조장치로, 연료를 연소시켜 얻은 화여모가 물이 관 벽을 사이에 두고 열을 교환하는 장치이다.

18. 냉각(Cooling)

열에너지를 밖으로 분출하여 냉장온도나 냉동온도로 만드는 것을 말하며, 우유나 크림은 판형 열교환기나 엽상 냉각기로 냉각한다. 또한 과즙통조림은 송풍 냉동기나 자연 대류 냉동기, 두류는 부유식 냉동기로 냉동하며, 버섯같이 부드러운 제품은 액체질소(-196℃)로 신속 냉동한다

Chapter 2
기 출 문 제   문 제 풀 이

01 파쇄형 조립기 중 피츠밀(Fitz mill)의 용도로 가장 적합한 것은?

㉮ 분말 원료와 액체를 혼합시켜 과립을 만든다.

㉯ 단단한 원료를 일정한 크기나 모양으로 파쇄시켜 과립을 만든다.

㉰ 혼합이나 반죽된 원료를 스크루를 통해 압출시켜 과립을 만든다.

㉱ 분말 원료를 고속 회전시켜 콜로이드 입자로 분산시켜 과립을 만든다.

해설

조분쇄기로 널리 사용되고 있는 Fitz mill은 그 구조가 단순하여 조작이 간편하여 쉽게 분쇄입도를 변화 시킬 수 있 다. 회전하는 rotor에 다수의 knife형상의 분쇄 날이 있으며, hammer mill과는 달리 충격력보다는 전단력이 더 크게 작용하므로 미분발생을 최대한 억제하면서 공정에 맞는 적절한 입자를 분쇄할 수 있는 기종이다.

02 식품의 살균을 목적으로 하는 비가열 처리법에 해당되지 않는 것은?

㉮ 간헐 살균

㉯ 방사선 살균

㉰ 자외선 살균

㉱ 초고압 살균

해설

· 대부분의 가공식품은 가열살균(UHT, HTST, LTLT 등) 처리에 의해 저장이 가능하도록 만들어지는데, 일반적으로 가열처리는 미생물의 생육을 억제할 뿐만 아니라 식품 자체의 품질(영양소 파괴, 향미성분 및 조직감 손실 등)에도 영향을 미칠 수 있다. 반면 비가열 살균은 열로 인한 품질변화, 영양파괴를 최소화하며, 부패미생물을 억제할 수 있는 장점이 있다. 이와 관련하여 기존 가열 살균공정을 대체 또는 부분적으로 대신할 수 있도록 식품의 살균을 목적으로 연구되고 있는 비가열 처리법에는 약제살균, 방사선조사, 자외선 살균, 여과제균 등이 있다.

· 식품의 비가열 살균법
- 이온화조사(ionizing radiation)
- 여과살균(filter sterilization)
- 화학제(chemical agent)
- 고전압펄스 전기장(high voltage pulsed electric fields, PEF)
- 오존살균(ozone disinfection)
- 전기분해수(electrolyzed water)

- 광펄스(high-intensity pulsed light)
- 이산화티탄 광산화(TiO_2 photocatalytic oxidation)
- 초고압(high hydrostatic pressure, HHP)

03 표준체의 단위인 메쉬(mesh)의 정의로 옳은 것은?

㉮ 체망 길이 1cm 안에 들어 있는 체눈의 수
㉯ 체망 길이 10cm 안에 들어 있는 체눈의 수
㉰ 체망 길이 1 inch 안에 들어 있는 체눈의 수
㉱ 체망 길이 10 inch 안에 들어 있는 체눈의 수

해설

· 메시(mesh)란 체의 망목 크기를 나타내는 단위로서 토사 등의 미세한 입자의 입도분포는 주로 체(sieve)로 분석함에 따라 입도분포를 나타낼 때 mesh라는 단위를 사용한다.mesh는 1 inch 중의 체의 눈금의 수를 말한다. [예를 들이 200mesh의 체는 1 inch 중에 눈금이 200개가 있는 체이며 따라서 이 체의 1 inch2 (가로 세로 각각 1 inch) 중에는 40,000개(200×200)의 구멍이 있다. 따라서 큰 수치의 mesh일수록 점점 체 눈금(망목)의 크기가 작아지며, 통과하는 입자의 크기도 작아지게 된다.

· 즉, 해당되는 mesh의 체에 통과 여부에 따라, 입경분포를 분류하고 구분할 수 있게 되는 것입니다.

· 우리나라에서는 KSA5101로써 표준체의 규격을 규정하여 놓고 있다.

04 타원형의 용기에 물을 반쯤 채우고 임펠라를 회전시켜 일정 위치에서 기체가 압축 이송되는 장치는?

㉮ 로타리 블로워
㉯ 압축기
㉰ 매시 펌프
㉱ 팬

해설

· 원심펌프는 교반기(임펠러)를 케이싱 내에서 회전시킴으로써 유체에 운전에너지를 부여하는 펌프이고, 파상펌프와 터빈펌프로 나뉜다. 기체가 압축 이송되는 장치를 매시 펌프라 한다.

05 다음 중 효과적인 액체 혼합에 바람직하지 않은 것은?

㉮ 애판

㉯ 원심력

㉰ 상승류

㉱ 와류

해설

· 혼합(混合)은 2가지 이상의 다른 성분을 서로 섞어서 보다 균일한 생성물을 얻는 조작이다.

· 교반기는 용기 속에 임펠러가 붙어 있는 회전축이 회전하면서 액체를 혼합하는 장치이다. 임펠러는 패들과 터빈, 프로펠러가 있다. 교반기에서 탱크의 밑부분 양쪽 모서리를 제거하고 탱크 벽면에 방해판을 설치하여 균일한 혼합이 이루어질 수 있도록 한다.

· 유체역학에서 와류(渦流, eddy)는 유체의 흐름의 일부가 본류와 반대되는 방향으로 소용돌이치는 현상이다. 와류는 액체가 소용돌이치는 현상을 말한다. 소용돌이가 일어나면 액체가 일으키는 압력이 커진다.

06 식품성분의 초임계유체추출에 주로 사용되는 물질은?

㉮ 질소가스

㉯ 메탄가스

㉰ 암모니아가스

㉱ 탄산가스

해설

· 초임계유체 추출법 (supercritical fluid extraction, SFE)은 검체 추출에 있어 일반 유기용매가 아닌 초임계유체를 사용하는 방법이다. 초임계유체란 고체-액체-기체의 상평형에서 임계점 이상의 온도와 압력조건하에서 존재하게 되는 유체(流體)로 액체 또는 기체라고 구별할 수는 없으나 용해력을 조절할 수 있는 고밀도의 유동성 물질의 형태이다.

· 초임계유체는 기체와 같은 높은 침투성과 액체와 같은 강한 용해력을 나타내므로 검체 추출에 매우 바람직한 특성을 가지고 있다. 주로 사용되는 기체는 탄산가스(CO_2)나 nitrous oxide(N_2O)이다. 이 중 CO_2는 임계온도와 임계압력이 낮으며, 독성과 활성이 낮은 초임계유체로서 액체와 비슷한 성질을 가지고 점도는 기체와 유사하여 고체 검체내의 미세공극을 빠르게 통과할 수 있다. 안전하고 임계온도나 임계압력이 낮아(37℃, 73atm) 쉽게 초임계유체화 할 수 있기 때문에 열분해가 우려되는 대상성분도 용이하게 추출이 가능하다.

07 다음 세척방법 중 배추의 잎과 잎 사이에 끼어있는 모래를 제거하는데 가장 효과적인 것은?

㉮ 부유세척
㉯ 초음파세척
㉰ 분무세척
㉱ 공기세척

해설

· 초음파세척은 교반에너지로 초음파(16KHz 이상)를 사용하여 음압에 의하여 압력이 급격히 교대로 고압-저압으로 변하여 기포가 급격히 생겼다가 없어지는 것이 반복되어 원료표면에 붙어있는 불순물이 세척되는 방법이다.
· 병이나 식기류의 분무세척이나 브러시 세척으로도 잘 세척되지 않는 것을 빠른 시간에 세척할 수 있고 주로 더러운 달걀의 세척이나 야채속의 모래, 과일 표면에 부착된 왁스, 포크 등의 식기류의 세척에 이용한다.
· 초음파세정의 특징
- 강력한 입자 제거력 및 분산 효과
- 비접촉 세척이 가능
- 동시 양면 세척
- 세제 반응 촉진
- 좁은 공간에서의 높은 침투력

08 우유로부터 크림을 분리하는 공정에서 많이 적용되고 있는 원심분리기는?

㉮ 노즐 배출형 원심분리기(nozzle discharge centrifuge)
㉯ 원판형 원심분리기(disc bowl centrifuge)
㉰ 디켄터형 원심분리기(decanter centrifuge)
㉱ 가압 여과기(filter press)

해설

· 크림의 제조는 전유(全乳, whole milk)부터 크림을 분리해 내는 것으로 유지방과 탈지유의 비중 차(比重 差)를 이용한 일종의 원심분리기(遠心分離機, centrifugal separator)이다. 그 주요 부분은 여러 장의 금속제, 원추형(圓錐形, cone shape)의 원판(disc)의 모임으로 되어 있는 보울(bowl)이다. 이 보울의 고속 회전(rpm 3,000 이상)으로서, 우유 성분 중 비중이 작은 크림은 안쪽으로, 큰 탈지유는 바깥쪽으로 집중되어 서로 분리되게 되어 있다.

09 **설비비가 비싸고, 처리량이 적어 점도가 높은 최종단계의 농축에 많이 사용하는 증발기는?**

㉮ 긴 관형 증발기
㉯ 코일 및 재켓식 증발기
㉰ 기계 박막식 증발기
㉱ 플레이트식 증발기

해설

· 기계 박막식 증발기(mechanical thin film evaporator)는 장관형 증발기와 원리는 같으나, 기계적 교반에 의하여 막을 형성시키는 것으로 수직형과 수평형이 있다. 수직형은 재킷이 설치된 원통의 내부에 회전날개가 장착되어 있다. 그래서 용액은 회전날개에 의하여 가열관 벽면에 얇은 막을 형성하여 내려오면서 증발된다. 가열관 벽면과 날개 사이의 간격은 용액의 종류에 따라 0.5~1.25mm 정도가 되도록 한다.

10 **막분리의 특징이 아닌 것은?**

㉮ 상의 변화가 있기 때문에 에너지가 절약된다.
㉯ 가열을 하지 않기 때문에 향기 성분의 손실을 방지할 수 있다.
㉰ 대량의 냉각수가 필요 없다.
㉱ 분획과 정제를 동시에 행할 수 있다.

해설

· 분리막 제조 및 공정기술은 고순도, 고기능성 물질의 제조와 지구 환경 보호 등의 사회적 요구에 따라서 간단한 실험실적 규모로부터 산업분야의 대규모 공정에 이르기까지 광범위하게 응용되고 있다. 막분리 공정은 기화 및 응축을 반복하는 증류 공정과는 달리 상변화를 필요로 하지 않는 물리 기계적인 분리 조작이므로 기존의 에너지 다소비형인 공정과 비교하여 약 70~80% 또는 그 이상까지도 에너지를 절약할 수 있다. 또한 분리 원리 및 공정이 비교적 간단하므로 장치의 구성이나 설치가 간단하고 차지하는 공간 역시 작아서 시설비 투자를 줄일 수 있는 장점이 있다.
· 막분리의 장점
① 상 변화없이 연속 분리가 가능
② 펌프작동에 필요한 전기적 에너지만 필요로한다.
③ 응축기가 필요하지 않다. (냉각수 불필요.)
④ 실온에서 운용가능
· 막분리의 단점
① dried solutes까지 얻기엔 제한점이 있다.
② 순수한 하나의 물질을 얻기엔 많은 공정이 필요하다.
③ 막은 소모적이다. 최적의 운영 조건이 수시로 변할 수 있다.

11 다음 중 기체 이송기에 해당되는 장치는?

㉮ 압축기 ㉯ 호이스트

㉰ 원심펌프 ㉱ 벨트컨베이어

해설

· 기체를 압축시켜 압력을 높이는 기계적 장치로 압축기 또는 컴프레서라고도 한다.

· 호이스트(hoist)는 원동기 · 기어감속장치 · 감기통 등을 한 조로 하고 권상용(捲上用) 로프 끝에 훅(hook)을 장치하여 화물을 들어올린다.

· 원심펌프는 만수된 케이싱 내에서 임펠러를 회전시켜 물에 원심력을 주어 압력이 생기도록 하여 물을 낮은 곳에서 높은 곳으로 올리는 펌프이다. 터빈 펌프와는 달리 날개 수차의 출구 주위에 안내 날개가 붙어 있지 않다. 양정은 보통 10~20m 정도이다. 벌류트펌프라고도 한다.

· 벨트 컨베이어는 벨트를 활차에 의해 순환시켜 벨트에 얹은 물품을 주로 수평으로 운반하는 연속 운반 장치. 공장, 상점, 백화점에서의 재료 · 물품의 상품 운반, 혹은 시공 현장에서의 토사, 골재, 콘크리트의 운반 등에 사용된다.

12 식품재료들이 서로 부딪히거나 식품재료와 세척기의 움직임에 의해 생기는 부딪히는 힘으로 오염물질을 제거하는 세척방법은?

㉮ 마찰 세척 ㉯ 흡인 세척

㉰ 자석 세척 ㉱ 정전기 세척

해설

· 세정 : 식품원료에서 협잡물분리, 용기 또는 제품 중 미생물과 같이 품질을 해치는 물질을 제거하는 조작이다.

 - 건식세정법 : 체질, 사별, 흡인, 연마 및 자력선별법 등

 - 습식세정법 : 침지, 분무, 부유, 초음파, 여과 및 정치침강 분리세정 등

· 마찰 세척은 세척관 내부의 물을 회전시켜 곡물 간의 마찰에 의해 식품재료 표면의 이물질을 제거한다.

13 밀에 섞여있는 보리를 제거할 때 적합한 선별기준과 거리가 먼 것은?

㉮ 무게 ㉯ 크기

㉰ 모양 ㉱ 광학

해설

· 밀(小麥)과 보리(大麥) 종자는 유사한 모양이다.

· 같은 모양의 재료를 한데 모아 두면 가공할 때 편리한 점이 많아 가공효율이 높

아진다.

· 길이와 직경을 고려한 모양에 따라 모양선별기를 사용하여 분류한다.
  - 디스크형 : 특정 디스크를 회전하면서 수직 진동하면 같은 모양을 가진 재료를 한데 모을 수 있는 장점이 있다.
  - 실린더형 : 회전하는 수평 실린더가 있어 이 속을 통과하면서 모양이 비슷한 것끼리 모이게 되며 밀, 보리, 귀리, 쌀 등의 비슷한 곡류 등을 선별할 때 사용한다.

· 광학 : 빛을 이용하여 원료를 분류하는데 반사선별기는 빛을 원료의 표면에 비추어 그 반사정도에 따라 착색 정도, 표면의 상처, 당도 등을 판단하는 장치이다.

14 원료 중의 유용한 성분을 추출하고자 할 때 용매가 갖추어야 할 조건이 아닌 것은?

㉮ 가격이 싸고 회수가 쉬워야 한다.

㉯ 화학적으로 안정하며, 인화성이 낮아야 한다.

㉰ 가급적 원하는 용질만을 선택적으로 용해해야 한다.

㉱ 비열 및 증발열이 커야 하고, 끓는점의 범위가 넓어야 한다.

해설

· 용매가 갖추어야 할 조건
  ① 가격이 싸고 회수가 쉬워야 한다. 계속적으로 용매를 사용할 수 있기 때문이다.
  ② 화학적으로 안정하며, 인화성이 낮아야 한다.
  ③ 선택도 또는 선택성(selectivity)이 커야 한다. 즉 가급적 원하는 용질만을 선택적으로 용해해야 한다.
  ④ 비점(끓는점) 및 응고점이 낮으며 부식성과 유동성이 적고 용질과의 비중차가 클수록 좋다.

15 흡출, 송출밸브가 설치된 실린더 속을 피스톤이 왕복하여 액체를 이송시키는 펌프가 아닌 것은?

㉮ 워싱 펌프(washing pump)

㉯ 프런저 펌프(plunger pump)

㉰ 메터링 펌프(metering pump)

㉱ 스크류 펌프(screw pump)

해설

· 스크류 펌프(screw pump)는 나사 펌프라고도 하는데 회전축의 주위에 나사홈을 깍고 이것이 끼워지는 원통 내에서 축을 돌리며 유체를 수송하는 펌프이다. 회전축의 주위에 깃을 단 저양정에 적합한 펌프로 대표적인 것은 알키메데스의 나선펌프가 있다. 초콜릿, 그리수(grease)와 같은 점성이 큰 액체의 수송

에 적합하다.
· 프런저 펌프(plunger pump)는 피스톤 대신 원기둥 모양의 프런저를 사용하는 것으로 왕복식 펌프의 일종으로 피스톤 또는 프랜저(plunger)를 왕복 운동시켜서 유체에 압력을 주고, 유체를 압송하는 것으로, ① 높은 압력을 비교적 간단하게 얻을 수 있고, ② 유량정도가 좋고 다른 유량제어장치를 설치하지 않아도 되는 등의 특징이 있다
· 메터링 펌프(metering pump)는 자동으로 일정량의 유량을 보낼 수 있는 펌프로 정량펌프라고도 한다.

16 식품원료를 무게, 크기, 모양, 색깔 등 여러 가지 물리적 성질의 차이를 이용하여 분리하는 조작은?

㉮ 선별　　㉯ 교반
㉰ 교질　　㉱ 추출

해설

· 선별 방법은 무게의 차이를 이용한 방법, 물체의 모양이나 크기를 이용하는 방법, 식품의 광학적 성질을 이용한 방법 등이 있다. 분급 조작은 식품의 품질 특성에 따라 적절한 선별 방법을 이용하기도 하며 사람이 육안으로 실시하는 경우도 많다.

17 다음 용매 중 식품종실의 기름을 추출하는데 사용하지 않는 것은?

㉮ ethyl alcohol　　㉯ hexane
㉰ cylcohexane　　㉱ heptane

해설

· 유지추출을 위해서 용매추출과 고형분속의 유지회수를 위한 압출을 겸해서 실시하고 있다. 이 방법은 수율도 높고 잔유물에 함유된 1% 미만의 유지도 회수할 수 있다. 예를 들면 어류의 근육 부산물로부터 유지를 회수할 경우 hexane(비점 63.5~69℃) 또는 heptane(비점 90~99℃), cyclohexane과 같은 환상 탄화수소(비점 71~85℃)를 사용한다. Trichloroethylene(비점 86.5℃)과 같은 비연소성 용매를 사용하는 경우도 있으나 이것은 독성이 있으므로 잘 사용되지 않는다. 올리브기름 추출에는 carbon disulfide, 어류 간유 추출에는 아세톤과 에틸에테르를 사용한다. n-hexane은 콩, 면화씨, 땅콩, 아마씨와 같은 원료에서 식용유를 추출하는 데도 많이 사용된다.

14.㉱ 15.㉱ 16.㉮ 17.㉮

18 물은 통과하지만 소금은 통과하지 않는 정밀한 아세트산 셀룰로오스, 폴리설폰 등으로 바닷물을 밀어내어 소금은 남기고, 물만 통과시키는 막분리 여과는?

㉮ 한외 여과법　　㉯ 역삼투법
㉰ 투석법　　㉱ 정밀 여과법

해설

· 역삼투법은 압력에너지를 이용한 방법으로 물은 통과시키지만 용질(이온성 물질)은 거의 투과시키지 않는 역삼투막(Reverse Osmosis Membrane)에 해수를 가압하여 담수만을 분리해내는 공법으로, 반투막을 사이에 두고 용액과 용매를 접촉 시키면, 역삼투막을 거친 생산수는 이온성 물질(Cl^-, Na^+, SO_4^{2-}, Mg^{2+}, Ca^{2+}, K^+ 등)이 거의 배제된다.

· 용액은 열역학적으로 안정된 저농도 상태를 이루기 위하여 용매가 반투막을 통과해 용액 측으로 이동하려고 한다. 용액 측에 적절한 압력을 가함으로써 이 용매 이동을 막을 수 있다. 용액의 삼투압보다 높은 압력을 용액 측에 가하면 반대로 용액 측에서 용매 측으로 용매가 이동한다. 이 현상이 바로 역삼투(RO, Reverse Osmosis)로서, 이 현상을 이용해 고농도 염류의 바닷물을 담수로 연속적으로 만들 수 있다.

19 식품의 동결법이 아닌 것은?

㉮ 액체산소에 의한 동결법
㉯ 공기 동결법
㉰ 송풍 동결법
㉱ 침지 동결법

해설

· 동결저장법(freezing storage) : 식품 중 수분을 빙결시켜 저장하는 방법이다.

① 공기 동결법 및 반송풍 동결법

② 송풍 동결법(air blast freezing)
동결실이 보통 tunnel형, 식품을 tray rack이나 conveyer위에 얹어 터널 속에 넣고 식품표면에 -30~-40℃의 냉풍을 3~5m/sec 속도로 불도록 하여 동결하는 방법이다. 공기동결법 보다 동결속도가 빠르다.

③ 접촉식 동결법 (contact freezing)
냉각한 금속관 사이에 식품을 넣고 상하로부터 밀착시켜 동결하는 방법이다.

④ 침지식 동결법 (immersion freezing)
식염수, $CaCl_2$, $MgCl_2$, CH_3OH, propylene glycol 등과 같은 brine을 -16~-95℃로 냉각하여 그 중에 식품을 침지하여 동결하는 방법이다.

⑤ 액체질소 동결법 (liquid nitrogen spray freezing)
동결속도가 매우 빠르다. 급속동결에 의하여 제품의 품질 손상이 적다.

20 수분함량 12%인 옥수수가루를 사용하여 압출성형 스낵을 제조하고자 한다. 옥수수가루를 압출성형기에 투입하기 전에 수분함량을 18%로 맞추어야 한다면 옥수수가루 10kg 당 가해야 하는 물은 양은 얼마인가?

㉮ 0.37kg　　㉯ 0.73kg

㉰ 1.11kg　　㉱ 1.48kg

해설

· [(1.2kg + X) / (10kg + X)] × 100 = 18%

X = 물의 첨가량

1.2kg = 옥수수가루 10kg에 들어 있는 수분함량

10kg = 옥수수가루의 무게

X = 0.73kg

01 **식품과 오염 물질의 부력 차이를 이용한 세척방법은?**

㉮ 침지 세척(soaking cleaning)

㉯ 부유 세척(flotation cleaning)

㉰ 분무 세척(spray cleaning)

㉱ 초음파 세척(ultrasonic cleaning)

해설

· 세정 : 식품원료에서 협잡물분리, 용기/제품 중 미생물과 같이 품질을 해치는 물질을 제거하는 조작이다.
- 건식 세정법 : 체질, 사별, 흡인, 연마 및 자력선별법 등
- 습식 세정법 : 침지, 분무, 부유, 초음파, 여과 및 정치침강 분리세정 등

· 부유 세척(flotation cleaning)
- 오염물질의 밀도와 부력 차이를 이용
- 완두콩, 강낭콩, 채소류의 각종 이물질 제거 시 많이 사용

· 침지 세척(soaking cleaning)
- 원료를 물에 담가서 부착된 오염물질을 팽연시켜 쉽게 제거하는 것
- 분무세척 전처리 과정으로 많이 사용
- 효율을 높이기 위해 세척물을 교반시킴
- 연약하고 파괴되기 쉬운 식품재료를 세척할 경우 교반 대신 압축공기 사용

· 분무 세척(spray cleaning)
- 스크린 컨베이어를 사용하여 원료를 일정한 속도로 이동시키거나 교반시킬 수 있는 장치에 넣고 물을 뿌려서 세척
- 식품 가공 및 저장의 전처리 공정 중 가장 많이 사용

· 초음파 세척(ultrasonic cleaning)
- 달걀의 오염물, 과일의 그리스나 왁스, 채소류의 모래나 흙 등을 제거
- 세척 후 잔류 수분을 제거하기 위해 스크린 컨베이어를 통과
- 냉동용 완두콩 세척에 사용

02 **여과기 바닥에 다공판을 깔고 모래나 입자 형태의 여과재를 채운 규조토, 여과층에 원액을 통과시켜 여액을 회수하는 장치는?**

㉮ 가압 여과기 ㉯ 원심 여과기

㉰ 중력 여과기 ㉱ 진공 여과기

해설

· 여과는 액체 중의 불순물이나 침전물을 걸러내는 것. 다공성 여과제를 사용하여 고체-액체 혼합물(현탁액)을 물리적으로 분리하는 조작(여액 : 여과제를 통과시킨 후 얻어지는 액, 여과액 : 통과하지 못한 고형물)

· 여과는 여과매체의 양면에 압력차를 줌으로써 행하여지며 여과 압력을 적용하는 방법으로 분류하면, 중력 여과기(gravity filter), 진공 여과기(vacuum filter), 가압 여과기(pressure filter), 압착 여과기(compression filter), 원심 여과기(centrifugal filter)가 있다.

- 중력 여과기(gravity filter)는 여과저항이 비교적 적은 경우로서 여액은 중력에만 의하여 여과매체를 통과하여 여과하는 방식이다.
- 진공 여과기(vacuum filter)는 여과저항이 커져서 중력만으로는 불충분할 때 여재의 한쪽을 감압하여 사용한다.
- 가압 여과기(pressure filter) 는 1기압 이상의 여과압력이 필요한 경우로 보통 0.5 ~ 5기압 정도의 압력을 적용한다.
- 압착 여과기(compression filter)는 액체를 고압으로 압출하는 것으로서 300 ~ 600기압의 압력이 적용된다.
- 원심 여과기(centrifugal filter)는 여재를 통하여 액체를 흘리는데 원심력 이용한 여과기이다.

03 회전속도를 동일하게 유지할 때, 원심분리기 로터(rotor)의 반지름을 2배로 늘리면 원심효과는 몇 배가 되겠는가?

㉮ 0.25배 ㉯ 0.5배

㉰ 2배 ㉱ 4배

해설

· 원심효과 = 원심가속도 / 중력가속도

· 원심력의 크기 = 질량 × 반지름 × 각속도(rpm)의 제곱

- 검체의 질량이 클수록, 원심분리기의 반지름이 클수록, rpm이 높을수록 원심의 크기가 크다.

04 초고온 순간 살균(UHT)에 대한 설명으로 틀린 것은?

㉮ 주로 우유의 살균에 사용된다.

㉯ 직접 가열과 간접 가열 방식이 있다.

㉰ 간접 가열 방식은 판식이나 관식 열교환기를 주로 사용한다.

㉱ 고온 단시간 살균(HTST)보다 이화학적 성질 변화가 많이 발생한다.

해설

· 우유의 살균 방법으로는 저온 장시간 살균법(L.T.L.T. : low temperature long time, 63~65℃에서 30분), 고온 단시간 살균법(H.T.S.T. : high temperature short time, 72~75℃에서 15~20초), 초고온 순간 살균법(U.H.T, : 130~135℃에서 0.5~5초)이 있다.

· 초고온 순간 살균(UHT)

- 순간적으로 살균 처리하는 방법으로 대량 생산과 살균효과를 극대화시킨 방

법이다
- 신선미와 영양소 보존을 중요시하는 식품의 살균에 이용한다.
- 살균법은 평판 열교환기나 튜브 열교환기를 이용해 가열과 냉각을 짧은 시간내에 연속적으로 처리하는 방법을 말한다.
- 순간적으로 살균되지만 고온이어서 100% 살균된다고 한다. 영양분 파괴의 문제가 있으나 순간이기 때문에 영양분 파괴가 안 된다고 알려져 있다.

05 섞이지 않는 두 액체를 빠른 속도로 교반하여 한 액체를 다른 액체에 균일하게 분산시키는 장치는?

㉮ 니더(kneader)

㉯ 휘퍼(whipper)

㉰ 임펠러(impeller)

㉱ 유화기(emulsificater)

해설

· 유화(emulsification)
- 서로 용해하며 화합하지 않는 두 개의 액체중의 하나가 미립자로 되어 다른 액체 중에 분산하는 현상을 말한다.
- 유화되어 있는 액체를 에멀션이라 한다. 안정한 에멀션을 얻기 위해서는 계면활성제가 사용된다.

· 니더(kneader)
- 과거에는 밀가루와 같은 식품에 첨가제를 혼합하기 위해 교반과 더불어 작업을 하던 설비에서 최근에는 이것을 응용하여 화학제품(고무 또는 프라스틱, 신소재 등)의 재료를 혼합하는데 사용되어지고 있으며 광범위하게 사용되고 있다.

· 휘퍼 (whipper)
믹서의 교반 날개중의 하나이다. 휘퍼 이외에도 비터가 있다. 휘퍼는 많은 양의 계란이나 생크림을 믹서 볼에 넣고 거품내는 용구이다. 또, 손으로 휘젓는 거품기를 가리키기도 한다.

· 임펠러(impeller)
일반적으로 원심펌프 내부에 회전하는 날개를 말한다. 회전날개의 원심력에 의하여 액체에 운동에너지를 주고, 이 운동에너지가 압력으로 변환하여 액체를 수송하게 된다. 식품공업에서는 혼합기에 사용하는 교반날개를 가리킨다. 임펠러는 기본적으로 패들(paddle)형, 프로펠러(propeller)형 및 터어빈(turbine)형의 3종류가 있다.

06 수산가공공장에서 어류를 공장 내로 이송할 때 주로 사용되는 이송기는?

㉮ 스크루 컨베이어(screw conveyor)

㉯ 버킷 컨베이어(bucket conveyor)

㉰ 기송식 컨베이어(pneumatic conveyor)
㉱ 벨트 컨베이어(belt conveyor)

해설

· 컨베이어(conveyor)란 공장 등에서 재료나 화물 등을 일정한 거리 사이를 자동적, 연속적으로 운반하는 기계 장치를 말한다. 반송대라고도 한다. 공장 내에서의 대량생산방식의 기초를 형성하고 있다.
· 컨베이어의 종류와 용도
  - 벨트컨베이어 : 고무·직물·철망·강판 등으로 만들어진 벨트를 순환시켜서 그 위에 물건을 올려놓고 연속으로 운반하는 장치이다. 벨트는 엔들리스로 하여 벨트 바퀴에 걸고, 벨트 바퀴를 전동기로 회전시켜서 구동한다. 도중에 늘어지는 것을 방지하기 위해 아이들러(idler)로 지지한다. 아이들러의 형태는 운반물의 종류에 따라 다르지만, 상자에 넣은 것 등일 때는 납작한 아이들러가 사용되고, 석탄·곡물과 같은 것일 때는 홈이 팬 아이들러를 사용한다.
  - 나사 컨베이어 : 원통형 또는 단면의 아래쪽 반이 반원형인 물통 모양의 외곽 속에 나사를 넣고, 이 나사를 회전시켜서 물건을 나사의 날개에 따라 이동시키는 것으로, 스크루 컨베이어(screw conveyer)라고도 한다. 곡물·설탕·시멘트와 같이 가루로 되어 있는 것을 운반하는 데 이용되며, 또 콜타르·아스팔트와 같은 반유동체의 수송에도 이용할 수 있다. 나사 컨베이어는 기루의 종류에 따라 나사 날개의 형태가 각각 다르다.
  - 버킷 컨베이어 : 쇠사슬이나 벨트에 버킷(bucket)을 여러 개 달고 회전시켜서 버킷에 재료를 담아 낮은 곳에서 높은 곳으로 석탄·모래·자갈·곡물과 같은 것을 운반하는 데 사용된다.
  - 공기 컨베이어 : 밀폐된 관 속으로 공기를 고속도로 보내면서 이것에 가루를 띄워 운반하는 것을 말한다. 입자가 미세한 미분탄(微粉炭)·시멘트 등이 운반에 사용한다. 관의 한 끝을 진공펌프에 연결하고 다른 끝을 운반하고자 하는 분체(粉體) 속에 넣는다. 분체는 흡입구로부터 관 속으로 빨려 들어가서 이동하게 된다. 관의 도중에 약간 넓은 곳이 있는데, 여기서 공기의 유속이 약해져서 분체는 아래로 떨어지게 된다.
  - 체인 컨베이어 : 쇠사슬을 이용하여 운반하는 장치이다. 쇠사슬 위에 물건을 직접 올려놓거나, 또는 쇠사슬에 매달린 용기(容器)에 물건을 담아 운반하는 것이다.

07 **해머밀(hammer mill)은 어떤 힘을 주로 이용하는가?**

㉮ 충격력 ㉯ 전단력
㉰ 압축력 ㉱ 절단력

해설

· 해머 밀(hammer mill)
  - 원료는 고속 회전하는 해머에 부딪히는 강한 충격력으로 분쇄되고 또 분쇄판에 충돌되어 더욱 작게 분쇄된다.
  - 해머 밀은 다목적 분쇄기로 결정성 고체, 섬유질, 마른 채소, 옥수수 전분, 곡류 등의 분쇄에 사용한다.

5.㉱ 6.㉱ 7.㉮

08 열교환기 중에서 직접가열방식의 열교환기는?

㉮ 판형 열교환기

㉯ 관형 열교환기

㉰ 표면 긁기 열교환기

㉱ 스팀 주입식(steam infusion) 열교환기

해설

· 열교환기란 공정의 flow를 구성하는 고정장치물의 일종으로, 기체 · 액상의 원재료, 반제품, 제품인 유체가 포함하고 있는 열을 tube 또는 plate의 형태를 지닌 전열면을 통해 heating or cooling water, air, 원재료, 반제품, 제품유체 상호간에 열전달을 일으켜 heating or cooling, condensing 등의 기능을 수행하는 설비이다.

· 스팀 주입식(steam infusion) 열교환기금속의 plate를 성형하여 조립하고 그 사이로 유체가 흐르도록 설계되어 있으며 판사이를 흐르는 유체의 온도차를 이용하여 열교환을 하는 교환기로서, 열전달 효율이 매우 높고 청소, 조립작업이 용이하다.

09 다음 중 비가열 살균에 해당하지 않는 것은?

㉮ 자외선 살균　　㉯ 저온 살균

㉰ 방사선 살균　　㉱ 전자선 살균

해설

· 대부분의 가공식품은 가열살균(UHT, HTST, LTLT 등) 처리에 의해 저장이 가능하도록 만들어지는데, 일반적으로 가열처리는 미생물의 생육을 억제할 뿐만 아니라 식품 자체의 품질(영양소 파괴, 향미성분 및 조직감 손실 등)에도 영향을 미칠 수 있다. 반면 비가열 살균은 열로 인한 품질변화, 영양파괴를 최소화하며, 부패미생물을 억제할 수 있는 장점이 있다. 이와 관련하여 기존 가열 살균공정을 대체 또는 부분적으로 대신할 수 있도록 식품의 살균을 목적으로 연구되고 있는 비가열 처리법에는 약제살균, 방사선조사, 자외선 살균, 여과제균 등이 있다.

· 식품의 비가열 살균법

- 이온화조사(ionizing radiation)
- 여과살균(filter sterilization)
- 화학제(chemical agent)
- 고전압펄스 전기장(high voltage pulsed electric fields, PEF)
- 오존살균(ozone disinfection)
- 전기분해수(electrolyzed water)
- 광펄스(high-intensity pulsed light)
- 이산화티탄 광산화(TiO2 photocatalytic oxidation)
- 초고압(high hydrostatic pressure, HHP)

10 스크린(screen)을 통하여 선별을 하고자 할 때 크기 분류에 영향을 미치는 요인이 아닌 것은?

㉮ 재료 공급 속도 ㉯ 재료의 크기
㉰ 재료의 무기질 함량 ㉱ 정전적 전하

해설

· 스크린(screen)을 통하여 선별을 하고자 할 때 크기 분류에 영향을 미치는 요인은 다음과 같다.

① 재료 공급속도 : 공급속도가 너무 높으면 스크린 표면 위에 있는 시간이 짧으므로 스크린 상에 overload되는 경우가 많다.

② 재료의 크기 : 아주 작은 입자는 관통하나 큰 입자는 잘 통과하지 못한다.

③ 재료의 수분함량 : 재료에 수분이 있으면 작은 입자와 큰 입자가 서로 엉겨 붙어 규격보다 작은 입자도 큰 입자들과 함께 제거된다.

④ 손상된 체나 막힌 구멍여부 : 큰 입자들이 손상된 체 때문에 크기 대로분리가 잘되지 않는 경우와 체가 막혀 분리가 전혀 되지 않는 경우도 있다.

⑤ 정전적 전하(electrostatic charge) : 건조분말을 체질할 때 각 입자표면은 전하를 띠게 된다. 따라서 작은 입자들은 정전적 인력 대문에 서로 엉겨붙어 크기가 큰 입자와 함께 분리되는 경우가 많다.

11 진공동결건조법에 대한 설명으로 틀린 것은?

㉮ 원료의 색과 향미가 유시된다.
㉯ 시설비와 운전 경비가 비싸다.
㉰ 건조 시간이 적게 걸려 대량 건조가 가능하다.
㉱ 다공성 조직을 지닌 복원성이 우수한 제품을 얻을 수 있다.

해설

· 동결건조의 일반적인 특징은 동결된 상태에서 식품이 승화에 의해서 건조되기 때문에 식품의 물리적, 화학적 변화가 적고 식품의 열열화(熱劣化), 향기성분의 손실, 효소실화 등을 최소화할 수 있다. 또 동결상태에 있는 수분이 제거되므로 건조제품은 가벼운 다공(多孔)조직을 가지게 되는데 모양과 크기도 원래 상태그대로 유지하고 있다. 따라서 다시 수분을 가하면 건조 전의 조직으로 복원되는 성질 즉 복원성(reconstitutability)이 좋아지며 휘발성 성분과 향기성분을 다량 보유하게 된다.

12 식품의 정선법 중 습식 정선법은?

㉮ 기류 정선법
㉯ 부상식 세척기법

㉰ 자석식 정선법
㉱ 체 정선법

해설

· 가공식품의 원료는 재배에서 수확 후 저장, 가공, 유통단계에 이르는 동안 흙, 먼지, 돌, 쇠붙이, 잡초씨, 껍질과 부스러기, 동물의 털, 배설물, 농약, 비료 등에서부터 눈에 보이지 않는 미생물에 이르기까지 여러 가지 이물질에 오염 되어 있는데, 이때 가공 원료에 오염된 물질을 제거하는 조작을 세척이라고 하며, 원료의 크기, 형태, 색깔 등 물리적 특성이 다른 것을 가려내는 조작을 선별이라고 한다.
· 정선방법에는 체질, 솔질, 풍력, 자석 등을 이용하는 건식 정선법과 물로 씻어내는 습식 정선법으로 나눌 수 있다. 여기에 사용되는 정선장치는 식품의 성질과 오염물질의 종류와 양에 따라 다양한 구조를 가지고 있다. 정선조작은 식품으로부터 이물질을 분리하는 분리조작이라고 할 수 있다.

13 유체 식품의 수송 장치 부품이 아닌 것은?

㉮ 관 및 관의 부속품　　㉯ 벨트 컨베이어
㉰ 왕복 펌프　　㉱ 블로어(blower)

해설

· 벨트컨베이어 : 고무 · 직물 · 철망 · 강판 등으로 만들어진 벨트를 순환시켜서 그 위에 물건을 올려놓고 연속으로 운반하는 장치이다. 고무벨트가 가장 많이 사용되고 있다. 벨트는 엔들리스로 하여 벨트 바퀴에 걸고, 벨트 바퀴를 전동기로 회전시켜서 구동한다.

14 시유 제조에서 균질기를 사용하는 목적이 아닌 것은?

㉮ 크림층의 분리 방지
㉯ 소화 흡수율 증가
㉰ 우유 속에 지방의 균질 분산
㉱ 카제인(casein)의 분리 용이

해설

· 균질이 우유의 화학적 및 물리적 성질에 미치는 효과
① 지방구가 균일하게 분산되고 크림라인이 형성되지 않는다.
② 색이 더 희어져 식욕을 촉진하는 색으로 된다(불투명화).
③ Rennet 치즈를 제조할 때 더 빨리 응고하나 커드장력은 약해진다.
④ 산화에 대한 민감성이 감소된다.
⑤ 풍미가 더 좋아진다.

· 단점으로는
① 우유성분을 효과적으로 분리할 수 없다.
② 햇볕에 민감하여 부패하기 쉽고 금속맛(metallic taste)이 난다.
③ lipase의 공격에 민감하다.
④ 단백질의 열안정성이 낮아진다.

15 다음 기계 중 가장 고속으로 회전시켜 운전하는 것은?

㉮ 패들교반기
㉯ 터빈교반기
㉰ 프로펠러교반기
㉱ 교반형 유화기

해설

· 교반형 유화기 : 교반기는 유화작용이 충분하지 못하기 때문에, 강력한 전단작용을 주기 위해 고속으로 회전하는 특수한 터빈이 고안되어 있다. 액체에 강한 전단력을 작용시킬 수 있도록 고속회전 터빈을 사용하여 100~10,000rpm으로 회전시켜 유화시킨다. 주스, 토마토케첩, 마요네즈, 초콜릿 제조에 이용된다.

16 다음 중 초임계 가스 추출의 응용 분야가 아닌 것은?

㉮ 어류껍질로부터 콜라겐의 추출
㉯ 어유로부터 EPA(eicosapentaenoic acid)의 농축
㉰ 갑각류 껍질로부터 astaxanthin의 농축
㉱ 커피로부터 카페인 제거

해설

· 초임계 유체 추출 기술은 종래의 증류와 추출기술의 원리가 복합된 기술이다. 기존의 기술로는 분리가 어려웠던 이성질체, 열변성 혼합물의 분리, 고분자물질의 정제, 천연식물로부터 의약, 향료와 같은 유효성분의 분리 등을 비롯해서 에너지 절약형 무공해 공정개발 등 그 응용범위가 넓으며, 최근 상업화가 활발이 진행되는 첨단 분리기술의 하나이다. 초임계 유체의 용해력을 이용하여 물질을 추출하는 것으로 추출단계와 분리단계로 이루어진다. 추출단계에서는 시료와 초임계유체 용매가 서로 밀접하게 접촉하여 용해도의 차이에 의하여 시료 중의 가용성분이 초임계유체로 용해된다.

· 응용분야
- 의약품 공업 : 효소, 비타민의 정제 및 회수, 동물, 식물에서 약효성분 추출 (알칼로이드, 토코페롤 등) 의약품 원료의 농축, 정제, 탈용제, 지방혼합물의 분리 및 정제 (글리세라이드, 지방산, lecithin) 효모, 균체생성물의 추출

- 식품 공업 : 동물유지의 추출 (어유, 간유), 식물유지의 추출 (대두유, 해바라기유, 팜유, 코코아, 커피), 식품의 탈 지방 (튀김, potato chip, 무지방 전분), 커피, 차의 카페인 제거, 향신료의 추출, Hop의 추출, 식물색소의 추출, 식품의 탈색, 탈취, 알코올 음료의 연질화
- 화장품 향료산업 : 천연향료의 추출, 합성향료의 분리 및 정제, 담배의 니코틴 제거 화장품 원료의 추출 및 정제 (계면활성제, 지방산 에스테르, mono-glyceride)
- 화학 공업 : 탄화수소의 분리(지방족과 방향족의 분리, Naphthene계의 분리, olefin의 분리, n-paraffin과 iso-paraffin의 분리), 유기합성원료의 정제(carbonic acid, ester, adipic acid, tere-phthalic acid, capro-lactam, DMP), 유기용매 수용액의 탈수 (알코올, MEK), 공비화합물의 분리 (ethanol), 희석재로 이용 (중합반응, paraffin의 이성화 반응), 반응약제 (저급지방산염 수용액에서 지방산의 회수), 농산물 및 임산물의 추출 및 정제 (발효원료의 전처리, terpene 왁스 회수), 지방산의 분리 알루미늄 알킬의 회수, 고분자물질의 분획 (poly carbosilane, 실리콘유, perfluroether, halogenated carbon), 활성탄 재생
- 에너지 산업 : 석탄성분의 추출(paraffin, tar, 재), 석탄액화유의 추출, 석유 잔사 유에서 아스팔트 및 중금속 제거, 원유 또는 중질유의 경질화, Biomass 알코올의 농축, 탈수
- 기타 : 해수 담수화

17 **식품 공업에서 적용하고 있는 식품의 가열 살균에 관한 설명으로 옳은 것은?**

㉮ 효소의 활성을 촉진시킨다.

㉯ 미생물의 완전 사멸이 주 목적이다.

㉰ 품질 손상보다 보존성 향상이 최우선이다.

㉱ 미생물을 최대로 사멸하면서 품질 저하를 최소화하는 조건에서 살균한다.

해설

· 가열 살균
- 식품의 보존성을 높이기 위해 열처리하여 효소의 불활성과 미생물의 생육을 억제하거나 사멸시킴
- 영양성분의 파괴와 손실, 관능적 특성 변화 등을 고려하여 가열 조건 확립

18 **압출 조립기(extruder)에서 응용되지 않는 공정은?**

㉮ 살균　　　㉯ 성형

㉰ 훈연　　　㉱ 팽화

해설

· 연속식 압출 조립기(extruder)는 혼합, 압축, 가열, 살균, 성형 등의 단위조작이 기기 내부에서 1~2분내에 일어나므로 매우다양하게 식품가공에 이용되고 있다. 상업적으로 이용되는 분야는 곡류의 팽화식품제조, 단백질의 조직화, 식물성 유지의 추출을 높이기 위한 전처리, 소화제해인자의 파괴를 위한 전처리, 발효기술의 전처리 등에 광범위하게 이용되고 있다.

19 체 분리에 사용되는 용어 중 메쉬체(Mesh Screen)의 Wire와 Wire사이의 거리를 나타내는 말은?

㉮ Under Size

㉯ Over Size

㉰ 체눈(screen aperture)

㉱ 표준체(standard sieve)

해설

· 체에 사용되는 철사 사이의 공간을 체구멍(screen aperture)이라고 하며, 흔이 사용되는 mesh라는 용어는 길이 1 in당 체구멍의 수를 뜻한다.

· 예를 들어 200mesh의 체는 1 inch 중에 눈금이 200개가 있는 체이며 따라서 이 체의 1 inch2 (가로 세로 각각 1 inch) 중에는 40,000개(200×200)의 구멍이 있다.

20 여과 장치인 필터 프레스(filter press)에 대한 설명으로 틀린 것은?

㉮ 대표적인 가압 여과기이다.

㉯ 분해와 조립에 시간이 많이 걸린다.

㉰ 구조가 간단하고 튼튼하며, 높은 압력에 잘 견딘다.

㉱ 여과포의 소모가 적고, 찌꺼기를 효율적으로 세척할 수 있다.

해설

· 필터프레스(filter press)는 밀폐된 여과실내에 원액을 압입시켜 여과재를 통해 고체(cake)와 액체(filtrate)를 분리 · 농축, 분획, 격리, 고정 · 흡착하는 기계로서 수처리분야, 정밀화학분야, 에너지분야, 식품 · 약품분야, 의료분야 등 다양한 영역에서 사용하는 산업용기계이다. 주요 구조는 본체(frame), 여과판(filter plate), 압착 장치(cramping equipment), 펌프(pump) 등으로 구성되어 있다.

· 여과기는 크게 압력필터(pressure filter)와 진공필터(vacuum filter)로 나누는데 압력필터는 재료를 여과기 속으로 넣고 일정한 압력을 유지시키면서 여액이 나오도록 되어 있다.
· 가압여과기(pressure filter)는 여과 속도를 바르게 하기 위해 여과기에 압력을 가하는 것으로, 식품공업에서 널리 이용되는 여과기의 종류이다. 가압여과기의 대표적인 것으로는 필터 프레스(filter press)가 있다. 가압역과기는 원료가 여과틀 안으로 들어가 찌꺼기는 남고 여과포를 통과한 여과액은 여과판의 홈을 따라 흘러 내려가 여과판의 아래 부분에 설치된 출구로 배출된다. 필터프레스는 간단한 구조로 튼튼하며 조작이 쉽다. 이 때문에 공업적으로 많이 사용되고 있다. 하지만 분해와 조립에 시간이 많이 걸려 인건비가 많이 든다. 또한 여과포의 소비량이 많은 단점을 가지고 있다.

01 **크고 무거운 식품 원료를 운반하는데 주로 사용되는 고체 이송기로 수직 방향 운반용의 양동이를 사용하는 것은?**

㉮ 체인 컨베이어
㉯ 롤러 컨베이어
㉰ 버킷 엘리베이터
㉱ 스크루 컨베이어

해설

· 버킷 엘리베이터(Bucket elevator)는 체인 또는 벨트에 일정 간격으로 버킷을 달고, 버킷의 내용물을 연속적으로 운반하는 장치이다. 탄광, 화학, 비료, 사료, 밀가루 등의 가벼운 분말 또는 가는 입자의 운반물을 수직으로 운반할 수 있으며, 공간활용도가 크다. 특히, 경하중용에는 플라스틱 재질을 이용하면 가볍고 취급이 용이한 장점이 있다.

02 **진공동결건조제품의 저장 중 일어나는 현상과 거리가 먼 것은?**

㉮ 변색
㉯ 지방의 산화
㉰ 습기나 냄새 흡수
㉱ 화학적 성분변화 발생

해설

· 동결건조의 일반적인 특징은 동결된 상태에서 식품이 승화에 의해서 건조되기 때문에 식품의 물리적, 화학적 변화가 적고 식품의 열열화(熱劣化), 향기성분의 손실, 효소실화 등을 최소화할 수 있다. 또 동결상태에서 수분이 제게되므로 건조제품은 가벼운 다공(多孔)조직을 가지게 되는데 모양과 크기도 원래 상태 그대로 유지하고 있다. 따라서 다시 수분을 가하면 건조 전의 조직으로 복원되는 성질 즉 복원성(reconstitutability)이 좋아지며 휘발성 성분과 향기성분을 다량 보유하게 된다.

03 **과일주스를 가열 농축할 때 향미성분, 색소, 비타민 등 열에 의한 파괴를 최소화하기 위해 가능한 한 낮은 온도에서 농축하기 위한 장치는?**

㉮ 진공증발기
㉯ 동결건조기
㉰ 순간살균기

㉣ 고압균질기

☞해설

· 일반적으로 물 또는 수용액을 진공 중(감압상태)에서 증발 농축하는 조작을 진공농축 또는 감압농축이라 한다. 과일주스, 우유, 효소액 등은 상압상태에서 100℃에서 증발, 농축시키면 변색, 이취발생, 비타민의 손실, 활성의 저하 등이 발생된다. 이와 같은 액체를 농축할 때에는 일반적으로 진공 중에서 저온으로 농축한다. 진공농축은 단순히 진공 중에서 농축하면 시간이 걸리므로 원료용액을 얇은 막 상태로 하거나 미세한 액체방울상태로 하여 농축효율을 향상시키기 위한 여러 가지 장치가 개발되어 있다.

04 식품을 가열 할 때 미생물에 영향을 주는 요인과 거리가 먼 것은?

㉮ 식품의 물리적 성질
㉯ 식품의 pH
㉰ 식품의 이온 환경
㉱ 식품의 수분활성도

☞해설

· 식품을 가열할 때에는 일반적으로 식품의 종류, 상태, 성질, pH, 가열 후 저장방법, 미생물과 포자의 내열성, 산소용해도, 용기, 오염된 미생물의 수 등 살균시간과 방법을 결정하는데 매우 중요한 요소이다.

05 증발농축 과정 중 나타나는 현상이 아닌 것은?

㉮ 비점 상승 ㉯ 비말 동반
㉰ 유동성 증가 ㉱ 관석의 생성

☞해설

· 증발농축(evaporation)은 캔디, 젤리, 연유 등의 제조에 부분적으로 이용되고 있는 방법인데 재료의 용질이 농축되어 점도가 높은 제품이 얻어진다. 특히 농축과정이 진행되면서 수분이 제거되므로 자연히 용액의 점도가 높아져 비뉴턴성 성질이 현저히 증가한다.

06 원추형을 거꾸로 한 모양으로 내부에 스크루 컨베이어를 경사

지게 설치하여 상부에서 회전시켜 경사면을 따라 자전하면서 공전하여 혼합하는 고정용기형 혼합기는?

㉮ 수직형 스크루 혼합기

㉯ 나우타형 혼합기

㉰ U형 혼합기

㉱ 리본형 혼합기

해설

· 혼합기는 2종 이상의 입체(粒體)에 힘을 가해 운동을 일으키고, 각 입자의 상대위치를 바꿔, 균질한 혼합상태를 얻기 위한장치이다.

· 나우타(Nauta)형 혼합기는 원추형 모양으로 혼합기 내부에서는 스크류가 혼합기의 벽면을 따라 회전하면서 혼합된다. 이 혼합기는 분유, 소맥분, 설탕, 카레가루 등에 이용된다.

07 압출성형기에 공급되는 원료의 수분함향을 18%(습량기준)로 맞추고자 한다. 물을 첨가하기 전에 분말의 수분함량이 10%라 하면 분말 5kg에 추가해야 하는 물의 양은 몇 kg인가?

㉮ 2.05 ㉯ 1.24

㉰ 0.49 ㉱ 0.17

해설

· [(0.5kg + X) / (5kg + X)] × 100 = 18%

X = 물의 첨가량,

0.5kg = 옥수수가루 5kg에 들어 있는 수분함량

5kg = 분말의 무게

X = 0.49kg

08 혼합공정 중 다량의 고체 분말과 소량의 액체를 섞는 조작은?

㉮ 교반(agitation)

㉯ 반죽(kneading)

㉰ 유화(emulsification)

㉱ 교동(churning)

해설

· 반죽은 고체-액체 혼합으로 다량의 고체분말과 소량의 액체를 섞는 조작이다. 반죽기는 액체의 양이 아주 적을 때 혼합물의 유동성이 더욱 없어지기 때문에 밀가

루 반죽과 마찬가지로 반죽 늘리고, 접고 하는 동작을 기계적으로 반복하도록 설계되어 있다. 대표적으로 Z자형 교반날개를 가진 반죽기가 있다.
· 교반은 물리적 또는 화학적 성질이 다른 2종 이상의 물질을 외부적인 기계 에너지를 사용하여 균일한 혼합상태로 만드는 조작이다.
· 하나의 액체에 상호 혼합이 되지 않는 두 액체의 한쪽이 작은 방울로 되어서 미세한 입자의 상태로 균일하게 분산시켜 생성된 분산계를 에멀젼 또는 유탁액이라 하며 이러한 상태가 되는 것을 유화(emulsification)라고 한다. 즉, 액체 중에 다른 액체가 분산되는 것을 말한다. 여기에 가해지는 계면활성제를 유화제라한다.
· 교동(churning)은 지방구가 뭉쳐서 butter의 입자를 형성하고, butter milk와 분리되도록 크림을 휘저어 지방구에 충격을 주는 공정이다. 우유에서 분리한 크림을 교동(攪動, churning)하여 지방구가 서로 결착하여 콩알크기의 버터 입자(粒子)로 만들고, 이것을 다시 이기고 개어서 덩어리 상태로 만들어 버터 조직(butter texture)을 갖게 한 것이다.

09 일반적으로 여과조제(filter aid)로 사용되지 않는 것은?

㉮ 규조토 ㉯ 실리카겔
㉰ 활성탄 ㉱ 한천

해설

· 여과조제(filter aid)는 매우 작은 콜로이드상의 고형물을 함유한 액체의 여과를 용이하게 하기 위하여 사용하는 것으로 여과면에 치밀한 층이 형성되는 것을 방지하는 목적으로 첨가한다. 식용으로는 규조토, pulp, 활성탄 등이 사용된다. 여과가 진행되는 동안 여제의 구멍이 막히지 않도록 보호하기 위한 재료로 규조토, 실리카겔, 카본 등이 있다. 이들은 비압축성 물질의 거친 입자를 사용하여 여재 위에 별도의 층을 형성시켜 놓는다.

10 용액 상태로 녹아 있는 원료를 냉각시켜 단단하게 만든 후, 얇은 조각으로 만드는 조립기는?

㉮ 압출 조립기
㉯ 파쇄형 조립기
㉰ 혼합형 조립기
㉱ 플레이크형 조립기

해설

· 조립기(granulator)는 식품을 분말 형태로 성형하는 기계이다. 식품을 성형하는 형태에는 주조 성형, 압연 성형, 절단 성형, 과립 성형 등이 있다.
· 파쇄형 조립기는 절단서형을 통해 원료를 조립하는 장치이며, 혼합형 조립기는 분말과 액체 원료를 혼합 후 파쇄하여 과립 형태로 조립하는 장치이다.

11 다음 농축공정에서 원료의 온도변화가 가장 작은 공정은?

㉮ 증발농축
㉯ 동결농축
㉰ 막농축
㉱ 감압농축

해설

- 식품공업에서 증발 농축은 주로 수분을 제거하는 조작이다. 식품 제조 공정에서 단독으로 사용하거나 건조, 살균, 결정화 등 다른 제조 공정과 연관하여 사용된다.
- 수분을 제거하는 방식에 따라 증발법과 막분리법이 있다. 증발(evaporation)은 용매를 가열, 기화시켜 용액으로부터 수분을 제거하여 농축시키는 방법이다. 막분리(membrane separation)는 막을 이용해서 용질과 용매를 분리하여 농축시키는 방법이다. 막분리법은 최근에 개발된 방법으로, 증발에 비하여 여러 가지 장점이 있어 더욱 발전할 가능성이 많다.
- 분리막 제조 및 공정기술은 고순도, 고기능성 물질의 제조와 지구 환경 보호 등의 사회적 요구에 따라서 간단한 실험실적 규모로부터 산업분야의 대규모 공정에 이르기까지 광범위하게 응용되고 있다. 막분리 공정은 기화 및 응축을 반복하는 증류 공정과는 달리 상변화를 필요로 하지 않는 물리 기계적인 분리 조작이므로 기존의 에너지 다소비형인 공정과 비교하여 약 70~80% 또는 그 이상까지도 에너지를 절약할 수 있다. 또한 분리 원리 및 공정이 비교적 간단하므로 장치의 구성이나 설치가 간단하고 차지하는 공간 역시 작아서 시설비 투자를 줄일 수 있는 장점이 있다.

12 Silica gel, 펄프 등의 거친 입자로 층을 형성시켜 여과기로 쉽게 일어 날 수 있게 하는 것을 무엇이라 하는가?

㉮ 여포 ㉯ 여과박
㉰ 여과조제 ㉱ 여료

해설

- 여과조제(filter aid)는 매우 작은 콜로이드상의 고형물을 함유한 액체의 여과를 용이하게 하기 위하여 사용하는 것으로 여과면에 치밀한 층이 형성되는 것은 방지하는 목적으로 첨가한다. 식용으로는 규조토, pulp, 활성탄 등이 사용된다. 여과가 진행되는 동안 여제의 구멍이 막히지 않도록 보호하기 위한 재료로 규조토, 실리카겔, 카본 등이 있다. 이들은 비압축성 물질의 거친 입자를 사용하여 여재 위에 별도의 층을 형성시켜 놓는다.

13 살균공정 중 식품의 품질을 최대한 유지하면서, 식중독과 질병을 일으키는 병원성 미생물을 사멸시키는 정도로 살균하는 방

법은?

㉮ 고온순간 살균(high temperature short time sterilization)

㉯ 상업적 살균(commercial sterilization)

㉰ 약제 살균(chemical sterilization)

㉱ 초고압 살균(high pressure sterilization)

해설

· 가열에 의하여 식품 속에 존재할 것으로 예상되는 병원성균과 식중독균, 부패균 등을 모두 사멸 시키고 효소를 불활성시켜 일정기간 식품을 안전하게 저장토록 하는 것을 살균이라 한다. 그러나 고온살균이라 하더라도 이론적으로 식품중의 모든 미생물을 완전히 사멸시키는 것은 불가능하다.

· 상업적 살균(commercial sterilization)은 식품의 품질유지를 위하여 식중독 세균이나 부패미생물만을 지표미생물로 생각하여 사멸시키는 방법이다. 호열 세균의 포자는 일부 살아남을 수 있으나 유통과정에서 부패를 일으키지 않기 때문에 식품의 저장과 유통에서는 문제가 되지 않는다. 통조림, 병조림, 레토르트식품 등의 살균방법이다.

14 다음 중 초미 분쇄기가 아닌 것은?

㉮ 롤 분쇄기

㉯ 원판 마찰 밀

㉰ 콜로이드 밀

㉱ 제트마이저

해설

· 분쇄 후 분쇄 생성물의 크기가 80~140mm까지 분쇄한 경우를 거친 분쇄라 하며, 입자 크기가 10mm 정도까지 분쇄한 경우를 중간 분쇄라 한다. 그리고 100mesh 이하의 크기까지 분쇄한 경우를 고운 분쇄라 한다.

· 분쇄기의 종류
  - 조분쇄기(crusher) : 조오 크러셔(Jaw crusher), 자이러토리 크러셔(Gytary crusher), 평활 로울 크러셔(Smooth-roll crusher)
  - 중간 분쇄기 : 해머 밀 및 임팩터, 회전-압축 밀, 마찰 밀, 회전 밀
  - 미분쇄기 : 내부분급식 해머 밀, 제트 밀(fluid-energy mill), 콜로이드 밀(colloid mill)

15 레토르트(retort) 장치에 대한 설명으로 틀린 것은?

㉮ 연속적으로 작업이 가능하다.

㉯ 통조림의 살균에 주로 사용된다.

㉰ 포화 수증기를 이용하는 살균 장치이다.
㉱ 강철제로 만들어진 고압 용기로 수평형이 널리 사용된다.

해설

· 레토르트(retort) 식품은 조리가공한 여러 가지 식품을 일종의 주머니에 넣어 밀봉한 후 고압가열살균솥(retort)에 넣어 고온에서 가열살균하여, 공기와 광선을 차단한 상태에서 장기간 식품을 보존할 수 있도록 만든 가공 저장식품이다. 고압가열살균솥(retort) 장치는 일반적으로 회분식(batch type) 살균장치이다.
· 식품위생법(식품공전)에서는 레토르트식품을 "단층 플라스틱필름이나 금속박 또는 이를 여러 층으로 접착하여, 파우치와 기타 모양으로 성형한 용기에 제조, 가공 또는 조리한 식품을 충전하고 밀봉하여 가열살균 또는 멸균한 것을 말한다"고 정의하고 있다.
· 레토르트 식품을 담는 포장재는 알루미늄박과 폴리에스테르막을 층층이 합한 것으로 주머니의 외부는 폴리에스테르의 얇은 막으로 되어 있고 중층(laminated)은 알루미늄박으로, 내부는 다시 폴리에스테르막으로 되어 있으며 완전 밀봉이 가능하다. 이 주머니에 조리한 식품을 연속 충전기로 자동으로 넣고 가열하여 봉한 후 105~120℃의 온도에서 가압살균한 후 가압냉각장치로 즉시 냉각시키는 것이다.

16 컨베이어나 진동판 위에 식품을 얹어놓고 광선을 일정시간 내려 쬐어 복사열을 이용하여 건조시키는 방법은?

㉮ 감압건조　　㉯ 가압건조
㉰ 적외선 건조　　㉱ 가열건조

해설

· 적외선 건조는 적외선의 복사열을 이용하는 인공건조방법이다. 적외선은 물질에 닿으면 거의 모두가 열에너지로 변환되므로 열선(熱線)이라고도 하며, 적외선전구 또는 합금선을 가열하여 얻을 수 있다.
· 적외선용 전구의 filament에서 발생하는 방사에너지를 직접 물체에 조사하고 물체를 효율 좋고 신속하게 가열 건조할 수 있다. 직물, 고무가공, 식료품, 농산물, 약품 등 응용면이 넓다.

17 사별 공정의 효율에 영향을 주는 요인으로 거리가 먼 것은?

㉮ 원료의 공급속도
㉯ 입자의 크기
㉰ 수분
㉱ 원료의 pH

해설

· 스크린(screen)을 통하여 사별을 하고자 할 때 크기 분류에 영향을 미치는 요인은 다음과 같다.

① 재료 공급속도 : 공급속도가 너무 높으면 스크린 표면 위에 있는 시간이 짧으므로 스크린 상에 overload되는 경우가 많다.

② 재료의 크기 : 아주 작은 입자는 관통하나 큰 입자는 잘 통과하지 못한다.

③ 재료의 수분함량 : 재료에 수분이 있으면 작은 입자와 큰 입자가 서로 엉켜 붙어 규격보다 작은 입자도 큰 입자들과 함께 제거된다.

④ 손상된 체나 막힌 구멍여부 : 큰 입자들이 손상된 체 때문에 크기 대로분리가 잘되지 않는 경우와 체가 막혀 분리가 전혀 되지 않는 경우도 있다.

⑤ 정전적 전하(electrostatic charge) : 건조분말을 체질할 때 각 입자표면은 전하를 띠게 된다. 따라서 작은 입자들은 정전적 인력 대문에 서로 엉겨붙어 크기가 큰 입자와 함께 분리되는 경우가 많다.

18 **다음 중 과일의 과육을 분쇄하는데 주로 사용되는 기계는?**

㉮ 롤밀(roll mill)

㉯ 디스크밀(disk mill)

㉰ 슬라이서(slicer)

㉱ 펄퍼(pulper)

해설

· 과일파쇄기(fruit crusher, pulper) : 다공판으로 된 실린더내에 임펠러나 스크류를 장치하여 원료가 투입구를 통해 들어가면 임펠러 등이 이를 밀어내어 과육을 파쇄시켜 다공판의 구멍을 통해 밖으로 배출시키는 기계이다.

19 **식품원료를 선별하는 방법 중 가장 일반적인 방법으로 육류, 생선, 일부 과일류와 채소류, 달걀 등을 분리하는데 이용되는 선별 방법은?**

㉮ 광택에 의한 선별

㉯ 모양에 의한 선별

㉰ 무게에 의한 선별

㉱ 색깔에 의한 선별

해설

· 식품재료를 무게에 따라 선별(weight sorting)하는 것은 가장 일반적인 방법이다. 육류, 생선 fillet, 일부 과일류(사과, 배, 자몽 등)와 채소류(감자, 당근, 양파 등), 계란 등은 모두 무게로 선별되어 가공원료로 사용된다.

20 **필터 프레스(filter press)를 사용하여 여과하고자 할 때 필터 프레스에 걸리는 압력의 종류는?**

㉮ 중력 ㉯ 가압

㉰ 원심력 ㉱ 진공

해설

· 필터프레스(filter press)는 밀폐된 여과실내에 원액을 압입시켜 여과재를 통해 고체(cake)와 액체(filtrate)를 분리 · 농축, 분획, 격리, 고정 · 흡착하는 기계로서 수처리분야, 정밀화학분야, 에너지분야, 식품 · 약품분야, 의료분야 등 다양한 영역에서 사용하는 산업용기계이다. 주요 구조는 본체(frame), 여과판(filter plate), 압착 장치(cramping equipment), 펌프(pump) 등으로 구성되어 있다.

· 여과기는 크게 압력필터(pressure filter)와 진공필터(vacuum filter)로 나누는데 압력필터는 재료를 여과기 속으로 넣고 일정한 압력을 유지시키면서 여액이 나오도록 되어 있다.

· 가압여과기(pressure filter)는 여과 속도를 바르게 하기 위해 여과기에 압력을 가하는 것으로, 식품공업에서 널리 이용되는 여과기의 종류이다. 가압여과기의 대표적인 것으로는 필터 프레스(filter press)가 있다. 가압역과기는 원료가 여과틀 안으로 들어가 찌꺼기는 남고 여과포를 통과한 여과액은 여과판의 홈을 따라 흘러 내려가 여과판의 아래 부분에 설치된 출구로 배출된다. 필터프레스는 간단한 구조로 튼튼하며 조작이 쉽다. 이 때문에 공업적으로 많이 사용되고 있다. 하지만 분해와 조립에 시간이 많이 걸려 인건비가 많이 든다. 또한 여과포의 소비량이 많은 단점을 가지고 있다.

01 **다음 중 기체 이송기에 해당되는 장치는?**

㉮ 압축기
㉯ 호이스트
㉰ 원심 펌프
㉱ 벨트 컨베이어

해설

· 이송(transfer)이란 가공체계에서 각 공정 간의 원료의 이동을 뜻하는 것으로, 물질의 상태 이동, 식품의 이동 등에 쓰이는 기기를 이송기라고 한다. 사용되는 기기로는 기체는 fan, blower, compressor등이 사용되고, 액체는 pipe, pump, 고체이송에는 conveyer, thrower등이 사용된다.

02 **막분리의 특징이 아닌 것은?**

㉮ 상의 변화가 있기 때문에 에너지가 절약된다.
㉯ 가열을 하지 않기 때문에 향기 성분의 손실을 방지할 수 있다.
㉰ 대량의 냉각수가 필요 없다.
㉱ 분획과 정제를 동시에 행할 수 있다.

해설

· 막분리 농축이란 막의 선택적 투과성을 이용하여 상 변화없이 물질을 분리 농축하는 기술로, 연속조작이 가능하며, 열이나 pH에 민감한 물질의 분리, 농축에 사용 가능하며, 열을 사용하지 않으므로 열손상이 없고, 휘발성 성분의 손실이 적다. 특히 냉각수가 필요없으므로 다른 농축방법보다 에너지 요구가 적다. 역삼투, 한외여과, 정밀여과, 투석, 전기투석, 기체분리 등의 방법이 있다.

03 **타원형의 용기에 물을 반쯤 채우고 임펠라를 회전시켜 일정 위치에서 기체가 압축 이송되는 장치는?**

㉮ 로타리 블로워
㉯ 압축기
㉰ 매시 펌프
㉱ 팬

04 식품원료를 무게, 크기, 모양, 색깔 등 여러 가지 물리적 성질의 차이를 이용하여 분리하는 조작은?

㉮ 선별　　㉯ 교반
㉰ 교질　　㉱ 추출

해설
· 원료의 크기 · 형태 · 색깔 등 물리적 특성이 다른 것을 가려내는 조작을 선별(sorting)이라고 한다.

05 설비비가 비싸고, 처리량이 적어 점도가 높은 최종 단계의 농축에 많이 사용하는 증발기는?

㉮ 긴 관형 증발기
㉯ 코일 및 재킷식 증발기
㉰ 기계 박막식 증발기
㉱ 플레이트식 증발기

해설
· 기계 박막식 증발기(mechanical thin film evaporator)는 기계적 교반에 의하여 필름을 형성시키는 형식으로 재킷이 설치된 원통의 내부에 회전날개가 장치되어 있어 용액은 회전날개에 의하여 가열 벽면에 얇은 필름을 형성한다. 이 증발기는 진공에서도 열전달이 우수하며, 농축시간이 짧아 발포성 용액의 증발에도 적합하다. 그러나 장치비가 비교적 고가이고 처리량이 적어 점도가 큰 최종 단계의 농축에 일반적으로 사용된다.

06 흡출, 송출밸브가 설치된 실린더 속을 피스톤이 왕복하여 액체를 이송시키는 펌프가 아닌 것은?

㉮ 워싱 펌프(washing pump)
㉯ 프런저 펌프(plunger pump)
㉰ 메터링 펌프(metering pump)
㉱ 스크류 펌프(screw pump)

해설
· 대표적인 펌프의 구조는 피스톤(piston)과 플런저(plunger)의 왕복운동에 따른 흡인과 배출 밸브의 작동으로 유체를 흡입한 후 이를 배출한다. 스크류 펌프는 회전 펌프의 하나로 회전 펌프는 회전자(rotor)가 회전하면서 유체를 배출시키는 펌프로 피스톤 펌프에서와 같은 펄스(pulse)가 없이 유체를 수송할 수 있

는 장점을 가지고 있다.

07 물은 통과하지만 소금은 통과하지 않는 정밀한 아세트산 셀룰로오스, 폴리설폰 등으로 바닷물을 밀어내어 소금은 남기고, 물만 통과시키는 막분리 여과는?

㉮ 한외 여과법
㉯ 역삼투법
㉰ 투석법
㉱ 정밀 여과법

해설

· 막분리 기술의 특징

막분리법	막기능	물질투과	효과	추진력
확산투석	확산에 의한 선택 투과성	용질분자 물	용질상호간 분리	농도차
전기투석	이온성 물질의 선택 투과성	이온성 물질 물	이온과 비전해질의 분리	전위차
정밀여과	막외경에 의한 입자크기의 분배	용질분자 물	미립자나 미생물의 분리	압력차
한외여과	막외경에 의한 분자크기의 선별	용질분자 물	콜로이드, 고분자와 저분자의 분리	압력차
역삼투	막에 의한 용질과 용매의 분리	물	물분리	압력차

08 식품의 동결법이 아닌 것은?

㉮ 액체산소에 의한 동결법
㉯ 공기 동결법
㉰ 송풍 동결법
㉱ 침지 동결법

해설

- 냉열의 전달에는 공기동결법, 송풍동결법, 금속판접촉법, 침지동결법(brine 동결법), 액체질소의 분무나 침지법등 이 있다.
- 공기동결법 : 단열된 동결실내에 냉각관을 선반식으로 조립하여 식품을 올려 동결
- 송풍동결법 : 동결실이 터널모양으로 되어있으며 식품을 터널 이쪽 끝에서 저쪽 끝으로 이동시키거나 냉각시킨 공기를 3~5m/sec의 속도로 불어 동결
- 금속판동결법 : 열전도도가 좋은 금속판을 냉각시켜놓고 여기에 식품을 끼워 넣어서 급속 동결시키는 방법
- 침지식동결법 : 염화나트륨, 염화칼슘, 염화마그네슘, propyleneglycol, ethyleneglycol 등의 부동액(brine)중에 식품을 침지하여 급속으로 식품을 동결하는 방법
- 액체질소 사용법(비점 -196℃) : 액체질소를 식품에 분무하거나 침지시켜 순간적으로 동결

09 **다음 세척방법 중 배추의 잎과 잎 사이에 끼어있는 모래를 제거하는데 가장 효과적인 것은?**

㉮ 부유세척

㉯ 초음파세척

㉰ 분무세척

㉱ 공기세척

해설

- 식품의 세척에는 건식세척과 습식세척이 있는데 건식세척에는 마찰세척(abrasion cleaning), 흡인세척(aspiration cleaning), 자석세척(magnetic cleaning), 전기적세척(electrostatic cleaning)이 있으며, 습식세척에는 담금세척(soaking cleaning), 분무세척(spra cleaning), 부유세척(flotation cleaning), 초음파세척(ultrasonic)이 있다.
- 마찰세척 : 재료간의 상호마찰 또는 재료와 세척기기의 움직이는 부분과 상호접촉에 의해 오염물질이 제거
- 흡인세척 : 식품을 공기분리기의 공기흐름 속으로 넣어 속도가 다른 두 가지 이상의 흐름을 통과시켜 재료와 오염물질이 부력과 기체역학 성질에 따라 서로 분리
- 자석세척 : 식품을 강력한 전자기장속으로 통과시키면 금속을 비롯한 각종이물이 제거된다.
- 정전기적 세척 :- 서로 다른 정전기적 전하를 가진 재료를 반대 전하로부터 제거하는 방법인데 주로 미세먼지 제거에 이용되고 있다.
- 담금세척 : 많이 오염된 뿌리채소
- 분무세척 : 식품표면에 물을 분무하여 세척
- 부유세척 : 식품과 오염물질의 부력차이 이용
- 초음파세척 : 계란의 오염물, 과일의 구리스나 왁스, 야채의 모래흙제거에 이용

10 수분함량 12%인 옥수수가루를 사용하여 압출성형 스낵을 제조하고자 한다. 옥수수가루를 압출성형기에 투입하기 전에 수분함량을 18%로 맞추어야 한다면 옥수수가루 10kg 당 가해야 하는 물의 양은 얼마인가?

㉮ 0.37kg ㉯ 0.73kg
㉰ 1.11kg ㉱ 1.48kg

해설

· 수분함량 12%이므로 옥수수가루 10kg의 수분함량은 1.2kg이다. 수분함량을 18%로 맞추기 위해 가해야 할 물의 양을 X라고 하면 물을 가한 옥수수가루는 (10+X)kg이 되고, 옥수수가루의 수분함량은 (1.2+X)kg이다. 따라서

11 원료 중의 유용한 성분을 추출하고자 할 때 용매가 갖추어야 할 조건이 아닌 것은?

㉮ 가격이 싸고 회수가 쉬워야 한다.
㉯ 화학적으로 안정하며, 인화성이 낮아야 한다.
㉰ 가급적 원하는 용질만을 선택적으로 용해해야 한다.
㉱ 비열 및 증발열이 커야 하고, 끓는점의 범위가 넓어야 한다.

해설

· 추출에 이용되는 용매(용제)의 조건은
· 원하는 성분을 선택적으로 잘 용해하여야 한다.
· 화학적으로 안정하며 동시에 독성과 기구에 대한 부식성이 없어야 한다.
· 비등점이 비교적 낮아야하며, 증발잠열과 비열이 적어야 한다.
· 융점이 낮고 인화의 위험이 없어야한다.
· 가격이 싸야한다.
· 제품에 악영향을 미치지 않아야 한다.
· 사용되는 유기용제로는 haxane, benzene, ethanol, CS_2, CCL_4, $CHCL_3$, C_6H_5, acetone등과 물이 사용되고 있다.

12 다음 용매 중 식품종실의 기름을 추출하는 데 사용하지 않는 것은?

㉮ ethyl alcohol
㉯ hexane
㉰ cyclohexane
㉱ heptane

해설

· 일반적으로 사용되는 유지추출용 용제로는 석유 benzine, benzol, hexane, ethanol · benzol 혼합액이나 이 밖에 사염화탄소, trichloroethylene, acetone, 2유화탄소 등이 있다.

13 식품의 살균을 목적으로 하는 비가열 처리법에 해당되지 않는 것은?

㉮ 간헐 살균
㉯ 방사선 살균
㉰ 자외선 살균
㉱ 초고압 살균

해설

· 살균은 가급적 고온을 가하여 하게 되지만, 약물에 따라서는 고온에 견디지 못하는 것이 있다. 미생물의 생장형(生長形)은 일정한 온도 이하에서 사멸하지만, 그 포자는 사멸하지 않고 그대로 남아 있는 것이 많다. 따라서 이 포자가 발아하여 열에 약한 생장형이 될 때까지 상온에서 24시간 이상 방치해 두었다가, 재차 가열하여 살균하는 방법을 간헐살균이라 한다.

14 식품성분의 초임계유체추출에 주로 사용되는 물질은?

㉮ 질소가스
㉯ 메탄가스
㉰ 암모니아가스
㉱ 탄산가스

해설

· 초임계유체로서 이산화탄소와 펜탄 등이 사용된다. 이산화탄소는 임계점(31.1℃, 73.8atm)이 낮고 독성이 없으며 유용물질의 추출, 분리가 기대되고 있으며, 식품분야에서는 호프와 카페인의 추출이 실용화되고 있다.

15 우유로부터 크림을 분리하는 공정에서 많이 적용되고 있는 원심분리기는?

㉮ 노즐 배출형 원심분리기(nozzle discharge centrifuge)

㉯ 원판형 원심분리기(disc bowl entrifuge)
㉰ 디켄터형 원심분리기(decanter centrifuge)
㉱ 가압 여과기(filter press)

해설

· 원판형 원심분리기는 우유에서 크림을 분리하는 경우처럼 원심분리의 목적이 완전한 분리가 아니라 한 유체상을 농축하고자 할 때 가치가 있다. 또한 식용유의 정제, 과일주스의 청징 등에도 이용된다.

16 밀에 섞여있는 보리를 제거할 때 적합한 선별기준과 거리가 먼 것은?

㉮ 무게　　㉯ 크기
㉰ 모양　　㉱ 광학

해설

· 선별에 이용되는 기계의 형태

1〉 무게에 의한 선별 : 육류, 생선류, 과일류, 채소류, 달걀류 등을 무게에 따라 선별하여 가공 재료로 사용하는데, 가장 일반적인 선별 방법 중의 하나이다. 크기 선별과 무게 선별을 같이 사용하는 경우가 많은데, 크기에 의한 선별보다 더 정확하게 선별할 수 있다. 무게 선별기에는 기계 선별기, 전기-기계 선별기, 물을 이용한 선별기(hydrostatic transducer)등이 있고 요즘은 컴퓨터를 이용한 자동적으로 처리하는 선별 방법도 쓰이고 있다.

2〉 크기에 의한 선별 : 두께, 폭, 지름 등의 크기에 의해 선별하는 방법이다. 덩어리나 가루를 일정 크기에 따라 진동체나 회전체를 이용하는 체질(sieving)에 의해 선별하는 방법과 과일류나 채소류를 일정 규격으로 하여 선별하는 방법이 사용된다. 크기 선별기에는 단순체 스크린, 드럼 스크린 등을 이용한 스크린 선별기, 롤러 선별기, 벨트식 선별기, 공기를 이용한 선별기가 있다.

3〉 모양에 의한 선별 : 쓰이는 형태에 따라 모양이 다를 때 이 선별 방법을 사용한다. 모양 선별기에는 회전시키는 실린더에 수평으로 통과시켜 비슷한 모양을 수집하는 실린더형과, 특정 디스크를 회전시켜 수직으로 진동시키면 모양에 따라 각각의 특정 디스크별로 선별시킬 수 있는 디스크형이 사용되고 있다.

4〉 광학에 의한 방법 : 스펙트럼의 반사와 통과 특성을 이용하는 X-선, 가시광선, 마이크로파, 라디오파 등의 광범위한 분광 스펙트럼을 이용해 선별하는 방법이다. 통과 특성과 반사 특성을 이용하는 선별방법으로 나뉜다. 통과 특성을 이용한 선별은 식품에 통과되는 빛의 정도를 기준으로 선별하는 방법이다. 달걀류의 이상 여부 판단, 과일류나 채소류의 성숙도, 중심부의 결함 등을 선별하는데 이용한다. 반사 특성을 이용한 선별은 빛의 산란, 분산, 반사 등의 성질을 이용해 선별하는 방법이다. 식품에 빛을 쬐었을 때 색깔의 정도, 표면 손상 여부, 결정체의 여부 등을 결정하여 선별한다. 기기적 색채 선별 방법과 표준색과의 비교에 의한 광학적 색채 선별로서 직접 눈으로 하는 방법이 있다.

17 표준체의 단위인 메쉬(mesh)의 정의로 옳은 것은?

㉮ 체망 길이 1㎝ 안에 들어 있는 체눈의 수
㉯ 체망길이 10㎝ 안에 들어 있는 체눈의 수
㉰ 체망길이 1inch 안에 들어 있는 체눈의 수
㉱ 체망길이 10inch 안에 들어 있는 체눈의 수

해설

· 체분석에 사용하는 체를 표준체(standard sieve)라고 한다. 표준체의 단위는 메쉬(mesh)이며, 메쉬는 1인치 속에 들어 있는 체눈의 수를 의미한다.

18 다음 중 효과적인 액체 혼합에 바람직하지 않은 것은?

㉮ 장애판
㉯ 워쉬력
㉰ 상승류
㉱ 와류

해설

· 점도가 비교적 낮은 액체의 혼합에는 일반적으로 임펠러(impeller) 교반기를 사용한다. 임펠러 교반기는 탱크 내부에 회전축을 설치하고 이 회전축에 1개 또는 여러 개의 임펠러를 고정하여 임펠러의 회전에 의하여 액체 흐름을 생성시켜 혼합하게 된다. 액체 내부에 생성되는 유동은 임펠러의 형태에 따라 달라지지만 일반적으로 세 방향의 유동이 생긴다. 교반축에 직각방향으로 흐르는 반지름방향류(radial flow), 교반축과 평행으로, 상하로 흐르는 종류(longitudinal flow), 그리고 교반축과 동심원을 그리는 회전류(rotational flow)이다. 반지름 방향류와 종류는 혼합작용을 하지만 회전류는 혼합을 방해한다. 혼합이 되려면 임펠러 속도와 액체 속도에 차가 있어야 하고, 탱크 내부의 액체 전체가 순환되어야 한다. 그러나 회전류가 강하게 생성되면 액체가 임펠러를 따라 회전하므로 잘 혼합되지 않는다. 또한 원심력에 의하여 회전축 주위의 액체 표면에 와류(소용돌이, vortex)가 생성되어 기포가 혼입되기 쉬워지고 액체에 고체입자가 함유되어 있으면 원심력에 의해 입자를 탱크 벽면으로 밀어낸다. 회전류를 방지하기 위해서는 임펠러를 중심에서 벗어난 위치, 옆면 또는 경사지게 설치한다. 와류현상을 방지하기 위해서는 대부분 장애판(방해판, baffle)을 설치한다.

19 파쇄형 조립기 중 피츠밀(Fitz mill)의 용도로 가장 적합한 것은?

㉮ 분말 원료와 액체를 혼합시켜 과립을 만든다.

㉯ 단단한 원료를 일정한 크기나 모양으로 파쇄시켜 과립을 만든다.
㉰ 혼합이나 반죽된 원료를 스크루를 통해 압출시켜 과립을 만든다.
㉱ 분말 원료를 고속 회전시켜 콜로이드 입자로 분산시켜 과립을 만든다.

☞해설

· 성형과정의 일종인 조립은 입제 제조기 또는 압출 성형기라고도 하며, 과립 형태의 성형 또는 중간 식품 제조에 쓰인다. 파쇄형 조립기(break type gramulator)는 단단한 원료를 회전하는 칼에 의해 일정 크기와 모양으로 부수거나 절단하여 조립하는 기계이다.

20 **식품재료들이 서로 부딪히거나 식품재료와 세척기의 움직임에 의해 생기는 부딪히는 힘으로 오염물질을 제거하는 세척방법은?**

㉮ 마찰 세척
㉯ 흡인 세척
㉰ 자석 세척
㉱ 정전기 세척

☞해설

· 재료간의 상호마찰 또는 재료와 세척기기의 움직이는 부분과 상호접촉에 의해 오염물질을 제거하는 것을 마찰 세척이라 한다.

Chapter 3

기 출 문 제 2 0 문 항

01. **회전속도를 동일하게 유지할 때, 원심분리기 로터(rotor)의 반지름을 2배로 늘리면 원심효과는 몇 배가 되는 가?**

㉮ 0.25배 ㉯ 0.5배
㉰ 2배 ㉱ 4배

02. **교반속도가 빠른 액체 혼합기에서 방해판(Baffle)이 하는 역할은?**

㉮ 소용돌이를 완화하여 내용물이 넘치지 않도록 한다.
㉯ 교반에 필요한 에너지의 소비를 줄여준다.
㉰ 회전속도를 높여준다.
㉱ 열발생으로 내용물의 점도를 낮춰준다.

03. **다음 중 분무건조(spray drying)장치의 구성부분이 아닌 것은?**

㉮ 액체가열장치
㉯ 원액분무장치
㉰ 건조장치
㉱ 제품회수장치

04. **식품의 압출장치에서 바렐(Barrel) 내부에 걸리는 압력생성 원인과 거리가 먼것은?**

㉮ 스크류의 길이
㉯ 스크류 지름의 증가와 스크류 pitch의 감소
㉰ 배럴(barrel) 직경의 감소
㉱ 스크류에 제한 날개(restriction flight)의 부착

05. **통조림 살균법으로 가장 많이 쓰이는 방법은?**

㉮ 건열살균법

㉯ 가압증기 가열살균법
㉰ 방사선 살균법
㉱ 전기살균법

06. 살균공정 중 어느 일정온도에서 일정농도의 미생물을 완전히 사멸시키는 데 필요한 시간을 나타내는 값은?

㉮ Z값　　㉯ D값
㉰ F값　　㉱ SV값

07. 다음 중 통조림 가공공장에서 통조림의 직접적인 살균에 관여하는 기계로 옳은 것은?

㉮ 레토르트
㉯ 밀봉기
㉰ 탈기함
㉱ 진공펌프

08. 밀 제분 시 원료 밀을 롤러(roller)를 사용하여 부수면서 배유부와 외피를 분리하는 공정은?

㉮ 가수공정
㉯ 순화공정
㉰ 훈증공정
㉱ 조쇄공정

09. 다음 중 체의 눈이 가장 큰 것은?

㉮ 30 메쉬
㉯ 60 메쉬
㉰ 120 메쉬
㉱ 200 메쉬

10. 식품원료를 충격력 원리로 분쇄하여 곡물의 분쇄, 제분작업, 사료의 조제에 이용되는 분쇄기는?

㉮ 롤 밀(roll mill)

㉯ 버밀(burr mill)

㉰ 디스크밀(disc mill)

㉱ 해머밀(hammer mill)

11. 식품 중의 일부 수분을 제거하여 용액의 농도를 높여주는 농축공정에 속하지 않는 것은?

㉮ 막농축

㉯ 분무농축

㉰ 동결농축

㉱ 증발농축

12. 혼합방법 중 마요네즈와 같이 섞이지 않는 액체와 액체의 혼합을 뜻하는 것은?

㉮ 청징　　㉯ 반죽

㉰ 유화　　㉱ 혼합

13. 다음 중 식품건조 중의 화학적 변화가 아닌 것은?

㉮ 갈변 현상 및 색소파괴

㉯ 단백질 변성 및 아미노산 파괴

㉰ 가용성 물질의 이동

㉱ 지방의 산화

14. 액체원료나 고체원료에 포함되어 있는 유효성분을 용매에 녹여 분리하는 조작은?

㉮ 건조　　㉯ 유화

㉰ 추출　　　　　　　　　　　　　　　　　　　　　　㉱ 여과

15. **판형열교환기(plate type heat exchanger)는 스테인리스 강판을 프레스하여 물결형태로 홈을 만들어 여러장 조립한 것으로 이 열교환기의 특징과 거리가 먼 것은?**

㉮ 총괄 열전달 계수가 크다.
㉯ 짧은 시간에 고온 가열이 가능하다.
㉰ 장치의 크기에 비해 좁은 면적에 설치 가능하다.
㉱ 고점도물의 열전달이 우수하다.

16. **다음 중 막분리의 장점이 아닌 것은?**

㉮ 연속조작이 가능
㉯ 설치비가 저렴
㉰ 영양성분의 손실 최소화
㉱ 에너지 절약

17. **초음파 세척에 가장 적합하지 않은 것은?**

㉮ 오염된 정밀기계 부품
㉯ 과일에 묻은 그리스(greese)
㉰ 계란표면에 묻은 오염물
㉱ 곡류 낟알에 포함된 지푸라기

18. **다음 중 Q10 값에 대한 설명으로 옳은 것은?**

㉮ 통조림의 냉점이 살균온도에 도달하는 시간
㉯ 일정한 온도로 가열할 때 세균수가 사멸되어 1/10로 감소하는 데 걸리는 시간
㉰ 열처리 온도가 10℃ 상승함에 따라서 반응속도의 변화값을 나타낸 것

㉱ 일정한 온도에서 세균 또는 세균포자를 사멸시키는 데 필요한 가열치사시간

19. **여과기바닥에 다공판을 깔고 모래나 입자형태의 여과제를 채운 구조로, 여과층에 원액을 통과시켜 여액을 회수하는 장치는?**

㉮ 가압여과기
㉯ 원심여과기
㉰ 중력여과기
㉱ 진공여과기

20. **우유, 맥주, 과일주스의 살균방법인 저온살균법에 대한 설명 중 옳은 것은?**

㉮ 120℃에서 20분간 실시한다.
㉯ 100℃에서 20분간 실시한다.
㉰ 65℃에서 30분간 실시한다.
㉱ 50℃에서 30분간 실시한다.

01. 기계의 가열된 표면에 직접 식품을 접촉시켜 건조하며, 점도가 큰 액체나 반죽상태의 원료를 건조하는데 적합한 장치는?

㉮ 드럼건조기
㉯ 분무건조기
㉰ 터널 건조기
㉱ 유동층 건조기

02. 청과물 표면의 색도의 차이를 이용하여 선별하는 방법은?

㉮ 크기 ㉯ 광학
㉰ 모양 ㉱ 무게

03. 막분리의 특징이 아닌 것은?

㉮ 상의 변화가 있기 때문에 에너지가 절약된다.
㉯가열을 하지 않기때문에 향기성분의 손실을 방지할 수 있다.
㉰ 대량의 냉각수가 필요 없다.
㉱ 분획과 정제를 동시에 행할 수 있다.

04. 살균온도는 121℃로 일정하고 생균수가 10^3일 때의 살균시간이 2분, 10^2일 때의 살균시간이 7분이라고 한다면 D값은 얼마인가?

㉮ 4 ㉯ 5
㉰ 6 ㉱ 7

05. 과립성형 방법으로 제조되는 제품이 아닌 것은?

㉮ 분말주스
㉯ 빵이스트
㉰ 인스턴트 커피분말
㉱ 비스킷

06. 다음 중 나열된 건조기와 적용 가능한 해당식품 또는 건조 기능이 잘못 연결된 것은?

㉮ 빈 건조기(bin dryer) - 마감건조

㉯ 분무건조기(spray dryer) - 과일주스

㉰ 기송식 건조기(pneumatic dryer) - 두유

㉱ 유동층 건조기(fluidized bed dryer) - 설탕

07. 다음 농축공정 중 원료의 온도변화가 가장 작은 공정은??

㉮ 증발농축

㉯ 동결농축

㉰ 막농축

㉱ 감압농축

08. Bacillus stearothermophillus 포자를 열처리하여 생존균의 농도를 초기의 1/100000 만큼 감소시키는 데 110℃에서는 50분이 각각 소요되었다. 125℃에서는 5분이 소요되었나. 이 균의 Z 값은?

㉮ 15℃ ㉯ 10℃

㉰ 5℃ ㉱ 1℃

09. 초고압처리에 의해 생체 조직 내에서 일어날 수 있는 현상에 대한 설명으로 틀린 것은?

㉮ DNA는 구조상 가장 낮은 압력 범위에서 파괴된다.

㉯ 세포막 붕괴는 단백질 변성이전에 일어난다.

㉰ 생체내 2차 대사산물 중 저분자 물질은 고압 하에서도 파괴되지 않고 안정하다.

㉱세포막 붕괴에 의해 세포내외로 물질전달이 증가할 수 있다.

1.㉮ 2.㉯ 3.㉮ 4.㉯ 5.㉱ 6.㉰ 7.㉰ 8.㉮ 9.㉮

10. 일반적으로 과일, 채소, 종자들을 압착추출할 경우 압착과정의 효율에 영향을 미치는 요인이 아닌 것은?

㉮ 원료의 압착에 대한 저항

㉯ 분쇄된 조각의 다공성

㉰ 추출용매의 극성

㉱ 적용된 압착력의 크기

11. 크고 무거운 식품원료를 운반하는 데 주로 사용되는 고체이송기로 수직방향 운반용의 양동이를 사용하는 것은?

㉮ 체인 컨베이어

㉯ 롤러 컨베이어

㉰ 버킷 엘리베이터

㉱ 스크루 컨베이어

12. 원료를 일정한 속도로 이동 중이거나 교반 중일 때 물을 뿌려가면서 세척하는 방법은?

㉮ 침지세척

㉯ 마찰세척

㉰ 분무세척

㉱ 부유세척

13. 다음 식품가공 공정 중 혼합조작이 아닌 것은?

㉮ 반죽 ㉯ 교반

㉰ 유화 ㉱ 정선

14. 선별기에 대한 설명으로 틀린 것은?

㉮ 크기선별기에 해당되는 벨트 롤러 선별기는 벨트와 롤러 사이의 간격이 출구 쪽으로 갈수록 단계적으로 넓어지게 되

어 있는 선별기로서 손상을 받기 쉬운 식품의 선별에 적합하다.

㉯ 모양선별기에 해당되는 원통분리기는 회전원통의 내부표면에 홈이 있으며 약간 경사져 회전하며 밀의 정선에 적합하다.

㉰ 색 선별장치에는 반사선별기, 투과선별기 등이 있다.

㉱ 길이선별기는 크기선별기 중 하나이며 오이와 같은 것을 진동급송기로 길이가 긴 쪽으로 배열되게 하여 이동시키면 긴 것은 막대를 넘어가나 짧은 것은 막대를 넘기 전에 아래로 떨어지게 하는 원리를 이용한다.

15. 회전자에 의해 강한 원심력을 받아 고정자와 회전자 사이의 극히 좁은 틈을 통과하여 유화시키는 유화기는?

㉮ automizer

㉯ vibration mill

㉰ ring roller mill

㉱ colloid mill

16. 음이온 및 양이온 교환막을 이용하여 전위차에 의한 이온을 분리하는 방법은?

㉮ 전기투석

㉯ 역삼투

㉰ 열삼투

㉱ 투석

17. 다음 중 에멀젼의 형태가 나머지 셋과 다른 것은?

㉮ 버터　　㉯ 마요네즈

㉰ 두유　　㉱ 우유

18. 고정된 통 안에 가늘고 긴 회전 원통을 설치하여 혼합물을 하부에서 공급하면 원심력에 의해 가벼운 액체는 안쪽에 층을 이루고 무거운 액체는 벽쪽으로 이동하여 분리시키는 기계는?

㉮ 관형 원심분리기

㉯ 원판형 원심분리기

㉰ 컨베이어형 원심분리기

㉱ 노즐형 원심분리기

19. 분무건조기의 구성장치 중 열에 민감한 식품의 건조에 적합한 형태의 건조실은?

㉮ 향류식

㉯ 병류식

㉰ 혼합류식

㉱ 평행류식

20. 유지제조 과정 중 탈납공정에 대한 설명으로 틀린 것은?

㉮ 액체유지를 서서히 냉각할 때 지질결정을 생성하는 원리를 이용한다.

㉯ 혼합유지로부터 유지성분들을 분별하는 데 이용할 수 있다.

㉰ 저온저장 시 유지를 혼탁하게 만드는 성분을 제거하는 방법으로 사용된다.

㉱ 수소화 반응을 통해 액체 불포화유지로부터 고체 포화유지로 상변화를 유도하여 분리하는 방법이다.

01. **유체의 압력이 높을 때 장치나 배관의 파손을 방지하는 밸브는?**

㉮ 안전밸브
㉯ 체크밸브
㉰ 앵글밸브
㉱ 글로브밸브

02. **아래의 추출방법을 식품에 적용할 때 용매로 주로 사용하는 물질은?**

> 이는 물질의 기체상과 액체상의 상경계지점인 임계점 이상의 압력과 온도를 설정해 줌으로써 액체상의 용해력과 기체상의 확산계수와 점도의 특성을 지니게하여 신속한 추출과 선택적 추출이 가능하게 하는 추출방법이다.

㉮ 산소
㉯ 이산화탄소
㉰ 질소가스
㉱ 아르곤가스

03. **상업적 살균조건 설정 시 고려해야 할 요소가 아닌 것은?**

㉮ 초기 미생물 오염도
㉯ 미생물의 내열성
㉰ 원산지
㉱ pH

04. **사별공정의 효율에 영향을 주는 요인으로 거리가 먼 것은?**

㉮ 원료의 공급속도
㉯ 입자의 크기
㉰ 수분

㉣ 원료의 pH

05. 원심분리에서 원심력을 나타내는 단위가 아닌 것은?

㉮ 1000×g
㉯ 1000N
㉰ 1000rpm
㉱ 1000회전/분

06. 일반적으로 여과조제(filter aid)로 사용되지 않는 것은?

㉮ 규조토
㉯ 실리카겔
㉰ 활성탄
㉱ 한천

07. 습식 세척방법에 해당하는 것은?

㉮ 분무세척
㉯ 마찰세척
㉰ 풍력세척
㉱ 자석세척

08. 가공재료를 분쇄하는 일반적인 목적이 아닌 것은?

㉮ 유효성분의 추출효율 증대
㉯ 용해력 향상
㉰ 위해물질 및 오염물질 제거
㉱ 혼합능력과 가공효율 증대

1.㉮ 2.㉯ 3.㉰ 4.㉱ 5.㉯ 6.㉱ 7.㉮ 8.㉰

09. 비가열 살균에 해당하지 않는 것은?

㉮ 자외선 살균
㉯ 저온살균
㉰ 방사선살균
㉱ 전자선살균

10. 식품원료를 무게, 크기, 모양, 색깔 등 여러 가지 물리적 성질의 차이를 이용하여 분리하는 조작은?

㉮ 선별 ㉯ 교반
㉰ 교질 ㉱ 추출

11. 효소의 정제법에 해당되지 않는 것은?

㉮ 염석 및 투석
㉯ 무기용매 침전
㉰ 흡착
㉱ 이온 크로마토그래피

12. 농축공정 중 발생하는 현상과 거리가 먼 것은?

㉮ 점도상승
㉯ 거품발생
㉰ 비점하강
㉱ 관석(scaling)발생

13. 대규모 밀제분에서 가장 먼저 쓰는 roller는?

㉮ smooth roller
㉯ break roller
㉰ middling roller

㉣ reduction roller

14. 시판우유 제조공정에서 지방구를 미세화 시킬 목적으로 응용되는 유화기는?

㉮ 터빈교반기
㉯ 팬 혼합기
㉰ 리본 혼합기
㉣ 고압균질기

15. 건조기 중 전도형 건조기가 아닌 것은?

㉮ 드럼 건조기
㉯ 진공건조기
㉰ 팽화 건조기
㉣ 트레이 건조기

16. C. botulum(D121.1=0.25분)의 포자가 오염되어 있는 통조림을 121.1℃에서 가열하여 미생물 수를 10 대수 cycle 만큼 감소시키는 데 걸리는 시간은?

㉮ 2.5분　　㉯ 25분
㉰ 5분　　㉣ 10분

17. 과일주스를 가열 농축할 때 향미성분, 색소, 비타민 등 열에 의한 파괴를 최소화하기 위해 가능한 한 낮은 온도에서 농축하기 위한 장치는?

㉮ 진공증발기
㉯ 동결건조기
㉰ 순간살균기
㉣ 고압균질기

9.㉯ 10.㉮ 11.㉯ 12.㉰ 13.㉯ 14.㉣ 15.㉣ 16.㉮ 17.㉮

18. **압출성형 스택이 압출성형기에서 압출온도와 압력에 따라 연속적으로 공정이 수행될 때 압출성형기 내부에서 이루어지는 공정이 아닌 것은?**

㉮ 분리 ㉯ 팽화

㉰ 성형 ㉱ 압출

19. **어느 식품의 건물기준(dry basis) 수분함량이 25%일 때 이 식품의 습량기준(wet basis) 수분함량은 몇 %인가?**

㉮ 15% ㉯ 20%

㉰ 25% ㉱ 30%

20. **식품의 혼합에 대한 설명으로 틀린 것은?**

㉮ 건조된 가루상태의 고체를 혼합하는 조작을 고체혼합이라 하며, 좁은 의미에서 혼합은 대체로 이 경우를 말한다.

㉯ 점도가 비교적 낮은 액체의 혼합에는 일반적으로 임펠러(impeller) 교반기를 사용하는 데, 임펠러의 기본 형태는 패들(paddle), 터빈(turbin), 프로펠러(propeller) 등이 있다.

㉰ 혼합기 내에서 고체입자의 운동은 혼합기의 종류 및 형태에 따라 대류혼합(convective mixing), 확산혼합(,diffusive mixing), 전단혼합(shear mixing)으로 분류된다.

㉱ 점도가 아주 높은 액체 또는 가소성 고체를 섞는 조작, 고체에 약간의 액체를 섞는 조작을 교반(agitation)이라 한다.

01. **10% 고형분을 함유한 사과주스를 농축장치를 사용하여 50% 고형분을 함유한 농축사과주스로 제조하고자 한다. 원료주스를 1000kg/h 속도로 투입하면 농축주스의 생산량은 몇 kg/h인가?**

㉮ 500 ㉯ 400
㉰ 200 ㉱ 800

02. **다음 중 가장 입자가 작은 가루는?**

㉮ 10메시 체를 통과한 가루
㉯ 30메시 체를 통과한 가루
㉰ 50메시 체를 통과한 가루
㉱ 100메시 체를 통과한 가루

03. **24%(습량기준)의 수분을 함유하는 곡물 20ton을 14%(습량기준)까지 제거하기 위해서 제거해야하는 수분량은 얼마인가?**

㉮ 2325kg
㉯ 4650kg
㉰ 6975kg
㉱ 9300kg

04. **분쇄에 사용되는 힘의 성질 중 충격력을 이용하여 여러 종류의 식품을 거칠게 또는 곱게 분쇄하는 데 사용되며, 회전자(roter)가 포함된 설비는?**

㉮ 해머 밀(hammer mill)
㉯ 디스크 밀(disc mill)
㉰ 볼 밀(ball mill)
㉱ 롤 밀(rolls mill)

05. 물은 통과하지만 소금은 통과하지 않는 정밀한 아세트산 셀룰로오스, 폴리설폰 등으로 바닷물을 밀어내어 소금은 남기고, 물만 통과시키는 막분리 여과는?

㉮ 한외 여과법
㉯ 역삼투법
㉰ 투석법
㉱ 정밀 여과법

06. 열에 민감하고 점도가 낮은 식품을 가열할 때 사용하며, 식품공업에서 가장 널리 사용되는 열교환기는?

㉮ 관형 열교환기
㉯ 회전식 열교환기
㉰ 통관식 열교환기
㉱ 이중관식 열교환기

07. 식품의 여과를 위한 역삼투에 대한 설명으로 틀린 것은?

㉮ 높은 압력이 여과된다.
㉯ 가열하지 않고 고농축액을 만들 수 있다.
㉰ 막은 삼투압보다 높은 압력에 견딜 수 있다.
㉱ 고분자량 물질의 분리정제에 이용된다.

08. 살균 후 위생상 문제가 되는 미생물이 생존할 수 없는 수준으로 살균하는 방법을 의미하는 용어는?

㉮ 저온 살균법
㉯ 포장살균법
㉰ 상업적 살균법
㉱ 열탕 살균법

09. **식품의 분쇄기 선정 시 고려할 사항이 아닌 것은?**

㉮ 원료의 경도와 마모성
㉯ 원료의 미생물학적 안전성
㉰ 원료의 열에 대한 안정성
㉱ 원료의 구조

10. **분무건조기의 분무장치 중 액체 속의 고형분 마모의 위험성이 가장 낮고 원료 유량을 독립적으로 변화시킬 수 있는 것은?**

㉮ 압력노즐
㉯ 원심분무기
㉰ 2유체 노즐
㉱ 사이클론

11. **식품공업에서 적용하고 있는 식품의 가열살균에 대한 설명으로 옳은 것은?**

㉮ 효소의 활성을 촉진시킨다.
㉯ 미생물의 완전살균이 주 목적이다.
㉰ 품질손상보다 보존성 향상이 최우선이다.
㉱ 미생물을 최대한 사멸하면서 품질 저하를 최소화하는 조건에서 살균한다.

12. **저온의 금속판 사이에 식품을 끼워서 동결하는 방법은?**

㉮ 담금동결법
㉯ 접촉동결법
㉰ 공기동결법
㉱ 이상동결법

13. 식품성분의 초임계유체추출에 주로 사용되는 물질은?

㉮ 질소

㉯ 산소

㉰ 암모니아

㉱ 이산화탄소

14. 육류, 신선한 과실 등 섬유조직을 가진 제품을 분쇄(절단 포함)할 때 사용되는 설비가 아닌 것은?

㉮ 슬라이싱(slicing)

㉯ 다이싱(dicing)

㉰ 펄핑(pulping)

㉱ 소프터닝(softening)

15. 식용유지류 제조 시 압착 또는 초임계추출로 얻어진 원유에 자연정치, 여과 등의 추가공정을 실시하는 주된 이유는?

㉮ 냄새를 제거하기 위하여

㉯ 미생물의 오염방지를 위하여

㉰ 유통기한을 연장하기 위하여

㉱ 침전물을 제거하기 위하여

16. 다음 중 효과적인 액체 혼합에 적합하지 않은 것은?

㉮ 장애판　　㉯ 원심력

㉰ 상승류　　㉱ 와류

17. 방사선 조사에 대한 설명 중 틀린 것은?

㉮ 방사선 조사 시 식품의 온도 상승은 거의 없다.

㉯ 처리시간이 짧아 전 공정을 연속적으로 작업할 수 있다.

㉰ 10kGy 이상의 고 선량조사에도 식품성분에 아무런 영향을

미치지 않는다.

㉱ 방사선에너지가 식품에 조사되면 식품 중의 일부 원자는 이온이 된다.

18. **다음 가공식품 중 주로 압출성형 방법으로 제조된 것은?**

㉮ 식빵

㉯ 마카로니

㉰ 젤리

㉱ 빙과류아이스크림

19. **증기가압살균장치(retort)에 필요하지 않은 것은?**

㉮ 유량계

㉯ 안전판

㉰ 자동기록 온도계

㉱ 압력계

20. **식품원료의 크기, 모양, 무게, 색깔 등의 물리적 성질의 차를 이용하여 분리하는 조작은?**

㉮ 추출 ㉯ 여과

㉰ 원심분리 ㉱ 선별

01. **두부제조공정 중 주의해야 할 사항으로 적합하지 않는 것은?**

㉮ 불린콩을 최대한 곱게 갈아야 두부수율이 높아진다.
㉯ 콩의 침지 시간이 부족하면 팽윤상태가 불량하여 단백질 추출이 어려워진다.
㉰ 마쇄가 충분하지 못하면 비지가 많이 나와 두부수율이 감소한다.
㉱ 콩의 침지시간이 너무 길면 콩 단백질이 변성되어 응고상태가 불량해 진다.

02. **농산물 통조림을 제조할 때 데치기(blanching)의 목적이 아닌 것은?**

㉮ 식품원료에 들어있는 효소를 불활성화 시킨다.
㉯ 식품조직 중의 가스를 방출시킨다.
㉰ 예열함으로써 원료 중에 들어있는 산소농도를 감소시킨다.
㉱ 식품의 갈변화를 일으킨다.

03. **밀가루의 제분공정에서 1차 조쇄롤(breaking roll) 또는 분쇄롤(reduction roll)을 거치는 동안 얻어지는 산물이 아닌것은?**

㉮ 미들링(middling)
㉯ 세몰리나(semolina)
㉰ 파텐트 분(patent flour)
㉱ 클리어 분(clear flour)

04. **다음 중 분쇄의 목적이 아닌 것은?**

㉮ 유용성분의 추출용이
㉯ 흡습성의 안정화
㉰ 건조, 추출, 용해능력 향상
㉱ 혼합능력 개선

05. **식품의 세척에 대한 설명으로 옳은 내용은?**

㉮ 건식세척이 습식세척에 비해 세척비용이 많이 든다.

㉯ 초음파세척을 위해서는 가청주파수대를 사용하여야 효과가 크다.

㉰ 부유세척시 저어줄 경우 와류로 인해 세척의 효과가 떨어진다.

㉱ 분무세척 시에는 세척물의 종류 및 상태에 따라 수압, 노즐 등을 조절하면 세척효과를 높일 수 있다.

06. **분쇄기의 선정시 고려해야 할 사항이 아닌 것은?**

㉮ 원료의 경도

㉯ 원료의 수분함량

㉰ 원료의 구조

㉱ 원료의 색상

07. **3%의 소금물 10Kg을 증발농축기로 농축하여 15%의 소금물로 농축시키려면 얼마의 수분을 증발시켜야 하는 가 ?**

㉮ 8kg ㉯ 6.5kg

㉰ 6kg ㉱ 5kg

08. **크림분리, 유지 정제 시 비누물질 제거, 과일 주스의 청징 및 효소의 분리 등에 절리 이용되는 원심분리기는?**

㉮ Tubular-bowl 원심분리기

㉯ Disc-bowl 원심분리기

㉰ Cylinder-bowl 원심분리기

㉱ Filtering 원심분리기

09. 농산가공에서 분체, 입체, 습기가 있는 재료나 화학적 활성을 지니고 잇는 고온물질을 트로프(trough) 또는 파이프(pipe)내에서 회전시켜 운반하는 반송기계는?

㉮벨트컨베이어(belt conveyer)

㉯스크류컨베이어(screw conveyer)

㉰ 버킷 엘리베이터(bucket elevator)

㉱ 드로우어(thrower)

10. 식품의 고온살균에서 가열조건에 영향을 주는 요인이 아닌 것은?

㉮ 식품의 pH

㉯ 공기 중 CO2 함량

㉰ 용기 또는 내용물의 열전달 특성

㉱ 식품의 충진조건

11. 농축공정 시 용액의 농축효과를 저해시킬 수 있는 요인이 아닌 것은?

㉮ 압력의 감소

㉯ 끓는 점 오름

㉰ 점도의 증가

㉱ 거품의 생성

12. 통조림 가공시 레토르트(retort)를 동작할 때 살균 성능의 극대화를 위한 레토르트 내 공기와 수증기의 조성에 관한 설명으로 옳은 것은?

㉮ 공기를 최대한 제거하고 수증기 만으로 레토르트 내부를 채워야 살균성능이 극대화 된다.

㉯ 건조공기만으로 레토르트 내부를 채워야 살균성능이 극대화 된다.

㉰ 수증기와 공기를 동일한 비율로 레토르트 내부를 채워야 살균성능이 극대화 된다.

㉣ 공기와 수증기의 조성과 레토르트의 살균성능과의 상관관계는 미미하다.

13. 토마토의 대표적인 적색색소로 철과 구리의 접촉 및 가열에 의하여 갈색으로 변화하는 색소는?

㉮ 라이코펜
㉯ 안토시안
㉰ 코치닐
㉣ 클로로필

14. 액체-액체-기체(물-기름-공기)의 혼합장치로 사용되는 것은?

㉮ 열교환기
㉯ 버터교동기
㉰ 콜로이드 밀
㉣ 니이더

15. 동결건조기의 주요부분이 아닌 것은?

㉮ 가열판
㉯ 진공장치
㉰ 진공건조실
㉣ 원심분리판

16. 다음 건조방법 중 일반적으로 공정비용이 가장 많이 드는 것은?

㉮ 연속식 진공건조법
㉯ 유동층 건조법
㉰ 동결건조법

㉣ 드럼건조법

17. 알코올 발효후 효모를 제거하는데 가장 적합한 여과방법은?

㉮ 역삼투

㉯ 한외여과

㉰ 정밀여과

㉱ 투석

18. 다음 중 고체-액체 혼합과 관련이 있는 것은?

㉮텀블러 혼합기

㉯리본, 스크루 혼합기

㉰ 팬 믹서

㉱ 교반

19. 압출성형기에 공급되는 원료의 수분함량을 18%(습량기준)로 맞추고자 한다. 물을 첨가하기 전에 분말의 수분함량이 10%라 하면 분말 5Kg에 추가해야 하는 물의 양은 약 몇 kg인가?

㉮ 2.05 ㉯ 1.24

㉰ 0.49 ㉱ 0.17

20. 바닷물에서 소금성분 등은 남기고 물 성분만 통과시키는 막분리 여과법은?

㉮ 한외여과법

㉯ 역삼투압법

㉰ 투석

㉱ 정밀여과법

17. ㉰ 18. ㉰ 19. ㉰ 20. ㉯

1. 유지의 채취법으로 적당하지 않은 것은?

㉮ 증류법　　㉯ 추출법
㉰ 용출법　　㉱ 압착법

2. 초임계 유체 추출방법이 효과적으로 쓰이는 식품군이 아닌 것은?

㉮ 커피　　㉯ 유지
㉰ 스낵　　㉱ 향신료

3. 세면공정 중 압출과정으로 제조되는 면이 아닌 것은?

㉮ 소면
㉯ 스파게티면
㉰ 당면
㉱ 마카로니

4. 수직 스크루 혼합기의 용도로 가장 적합한 것은?

㉮ 점도가 매우 높은 물체를 골고루 섞어준다.
㉯ 서로 섞이지 않는 두 액체를 균일하게 분산시킨다.
㉰ 고체 분말과 소량의 액체를 혼합하여 반죽 상태로 만든다.
㉱ 많은 양의 고체에 소량의 다른 고체를 효과적으로 혼합시킨다.

5. 건량기준(dry basis) 수분함량 25%인 식품의 습량기준(wet basis) 수분함량은?

㉮ 20%　　㉯ 25%
㉰ 30%　　㉱ 18%

6. **다음 중 입자 크기 - 10 + 20 mesh의 의미로 옳은 것은?**

㉮ 10mesh 체는 통과하나 20mesh 체는 통과하지 못하는 입자.

㉯ 10mesh 체는 통과하지 못하나 20mesh 체는 통과하는 입자

㉰ 10mesh 체와 20mesh 체를 모두 통과하는 입자

㉱ 10mesh 체와 20mesh 체를 모두 통과하지 못하는 입자.

7. **고춧가루나 떡 제조용 쌀가루를 제조할 때 사용하는 롤러밀은 2개의 롤러의 회전속도가 달라 분쇄력을 갖게 된다. 롤러의 표준 회전속도 비는?**

㉮ 1 : 1　　㉯ 1 : 25

㉰ 1 : 5　　㉱ 1 : 10

8. **식품 공업에서 원료 중의 고형물을 회수할 때나 물에 녹지 않는 액체를 분리할 때 고속 회전시켜 비중의 차이에 의해 분리하는 조작은?**

㉮ 추출

㉯ 여과

㉰ 조립

㉱ 원심분리

9. **사각형의 여과틀에 여과포를 씌우고 여과판과 세척판을 교대로 배열해서 만든 대표적인 가압 여과기는?**

㉮ 중력 여과기

㉯ 필터 프레스

㉰ 진공 여과기

㉱ 원심 여과기

10. 가열살균에 있어 D값이 120℃에서 20초인 세균을 초기농도 10^5에서 10^1까지 부분 살균하는 데 소요되는 총 살균 시간은?

㉮ 120초 ㉯ 100초

㉰ 80초 ㉱ 50초

11. 물리적 비가열 살균 기술이 아닌 것은?

㉮ 초음파 살균 기술

㉯ 고전압펄스 전기장 기술

㉰ 생리활성물질 첨가 기술

㉱ 초고압 기술

12. 0.0029인치 크기에 체 눈을 형성하는 200 메쉬 체를 기준으로 하여 다음 체 눈의 크기를 $\sqrt{2}$ 만큼 씩 증가시키는 체의 표준 시리즈는?

㉮ Tyler series

㉯ British standards

㉰ ASTM - E 11

㉱ Mesh standards

13. 식품가공 방법 중 배럴(barrel)의 한쪽에는 원료 투입구가 있고 다른 쪽에는 작은 구멍(die)이 뚫려 있으며 배럴 안쪽에는 회전 스크류(screw)에 의해 가압된 원료가 나오는 형태의 성형방법은?

㉮ 과립성형(agglomeration)

㉯ 주조성형(casting)

㉰ 압출성형(extrusion)

㉱ 압연성형(sheeting)

14. 판상식 열교환기에 관한 설명으로 틀린 것은?

㉮ 총괄열전달계수가 매우 작아서 열전달이 천천히 된다.

㉯ 사용 후 청소가 쉽다.
㉰ 판의 수를 조정함으로써 가열 용량을 쉽게 조정할 수 있다.
㉱ 전도가 높은 유체에는 사용하기 곤란하다.

15. **일반적으로 액체식품의 건조에 가장 효율적인 건조방법은?**

㉮ 진공건조
㉯ 가압건조
㉰ 냉동건조
㉱ 분무건조

16. **밀가루 반죽과 같은 고점도 반고체의 혼합에 관여하는 운동과 관계가 먼 것은?**

㉮ 절단(cutting)
㉯ 치댐(kneading)
㉰ 접음(folding)
㉱ 전단(shearing)

17. **진공 동결 건조에 대한 설명으로 틀린 것은?**

㉮ 향미 성분의 손실이 적다.
㉯ 감압 상태에서 건조가 이루어 진다.
㉰ 다공성 조직을 가지므로 복원성이 좋다.
㉱ 열풍 건조에 비해 건조 시간이 적게 걸린다.

18. **냉동건조(freeze drying) 방법으로 제조된 식품의 특징으로 틀린 것은?**

㉮ 제품의 밀도가 증가한다.
㉯ 향미 성분이 보존된다.
㉰ 승화와 탈습의 과정을 거쳐 제조된다.

㉱ 제품의 물리적 변형이 적다.

19. **농도 5%(wt)의 식염수 1톤을 50%(wt)로 농축시키려면 몇 kg의 수분증발이 필요한가?**

㉮ 120kg　　㉯ 250kg

㉰ 630kg　　㉱ 900kg

20. **김치제조에서 배추의 소금절임 방법이 아닌 것은?**

㉮ 압력법　　㉯ 건염법

㉰ 혼합법　　㉱ 염수법

1. **열에 의한 변질 방지에 가장 적합한 것은?**

㉮ 저압 증발
㉯ 진공증발
㉰ 단일 효용 증발
㉱ 다중 효용 증발

2. **가열 평화에 의한 전분의 호화를 이용한 식품의 가공 시 사용되는 기기는?**

㉮ 압출성형기
㉯ 원심분리기
㉰ 초임계장치
㉱ 균질기

3. **와이어 메시체 또는 다공판과 이를 지지하는 구조물로 되어 있으며, 진동운동은 기계적 또는 전자기적 장치로 이루어지는 설비로, 미분쇄된 곡류의 분말 등을 사별하는 데 사용되는 설비는?**

㉮ 바스크린(Bar screen)
㉯ 진동체(Vibration screen)
㉰ 릴(Reels)
㉱ 사이클론(cyclone)

4. **r-선, X-선, 가시광선, 마이크로파 등의 광범위한 스펙트럼을 사용하는 광학적 방법에 의한 선별에 적절하지 않은 항목은?**

㉮ 숙도
㉯ 색깔
㉰ 크기
㉱ 중심체의 이상여부

5. 같은 부피를 가진 다양한 형태의 딸기제품을 냉동시켰을 때 냉동전후에 일어나는 부피변화가 가장 작은 것은?

㉮ 딸기열매

㉯ 거칠게 분쇄한 딸기 페이스트

㉰ 딸기잼

㉱ 딸기넥타

6. 식품 공장 내 공기를 살균하는 데 적절한 방법은?

㉮ 마이크로파 살균

㉯ 자외선 살균

㉰ 가열 살균

㉱ 과산화수소수 살포 살균

7. 식품 성분을 분리할 때 사용하는 막 분리법 중 관계가 옳은 것은?

㉮ 농도차 - 삼투압

㉯ 온도차 - 투석

㉰ 압력차 - 투과

㉱ 전위차 - 한외여과

8. 식품재료들 간의 부딪힘이나 식품재료와 세척기의 움직임에 의해 생기는 힘을 이용하여 오염물질을 제거하는 세척방법은?

㉮ 마찰 세척

㉯ 흡인 세척

㉰ 자석 세척

㉱ 정전기 세척

1.㉯ 2.㉮ 3.㉯ 4.㉰ 5.㉰ 6.㉯ 7.㉮ 8.㉮

9. **상업적 살균에 대한 설명 중 옳은 것은?**

㉮ 통조림 관 내에 부패세균만을 완전히 사멸시킨다.

㉯ 통조림 관 내에 포자 형성 세균을 완전히 사멸시킨다.

㉰ 통조림 저장성에 영향을 미칠 수 있는 일부 세균을 사멸만을 고려한다.

㉰ 통조림 관 내에 포자 형성 세균과 생활세포를 모두 완전히 사멸시킨다.

10. **다음 미생물 중 121.1℃에서 D값이 가장 큰 것은?**

㉮ Clostridium botulinum

㉯ Clostridium sporogenes

㉰ Bacillus subtilis

㉱ Bacillus stearothermophilus

11. **쌀도정 공장에서 도정이 끝난 백미와 쌀겨를 분리 정산하고자 한다. 이때 가장 효과적인 정선법은?**

㉮ 자석식 정선법

㉯ 기류정선법

㉰ 채정선법

㉱ 디스크 정선법

12. **우유로부터 크림을 분리할 때 많이 사용되는 분리기술은?**

㉮ 가열

㉯ 여과

㉰ 탈수

㉱ 원심분리

13. **초임계 유체의 설명으로 틀린 것은?**

㉮ 초임계 유체의 점도는 일정한 온도에서 압력 변화에 민감하다.

㉯ 초임계 유체의 확산도는 압력이 높아질수록 증가한다.

㉰ 초임계 유체의 용해도는 압력이 높아질수록 증가한다.

㉱ 임계점(critical point) 이상의 온도와 압력에서의 유체 상태를 초임계 유체라고 한다.

14. **가루나 알갱이 모양의 원료를 관 속으로 수송하기 때문에 건물의 안팎과 관계없이 자유롭게 배관이 가능하며, 위생적이고, 기계적으로 움직이는 부분이 없어 관리가 쉬운 특성을 지닌 수송 기계는?**

㉮ 벨트 컨베이어

㉯ 롤러 컨베이어

㉰ 스크류 컨베이어

㉱ 공기 압송식 컨베이어

15. **식품원료 분쇄기 중 버밀(burr mill)의 특징에 대한 설명으로 틀린 것은?**

㉮ 이물질이 들어가면 쉽게 고장이 난다.

㉯ 구입가격이 비싸다.

㉰ 소요동력이 낮다.

㉱ 공회전 시 판의 마모가 심하다.

16. **수분함량 12%인 옥수수가루를 사용하여 압출성형 스낵을 제조하고자 한다. 옥수수가루를 압출성형기에 투입하기 전에 수분함량을 18%로 맞추어야 한다면 옥수수가루 10kg당 가해야 하는 물의 양은 얼마인가?**

㉮ 0.37kg ㉯ 0.73kg

㉰ 1.11kg ㉱ 1.47kg

17. 카페인이 일부 제거된 커피를 생산하기 위해 적용해야 할 식품 제조 공정은?

㉮ 미분쇄
㉯ 압출 과립
㉰ 압출 성형
㉱ 초임계 가스 추출

18. 살균방법으로 적합하지 않은 것은?

㉮ 0.1% 승홍수 살균
㉯ 3% 석탄산액 살균
㉰ 70% 알코올용액 살균
㉱ 90% 메탄올 살균

19. 착즙된 오렌지 주스는 15%의 당분을 포함하고 있는데 농축 공정을 거치면서 당함량이 60%인 농축 오렌지 주스가 되어 저장된다. 당함량이 45%인 오렌지 주스 제품 100kg을 만들려면 착즙 오렌지 주스와 농축 오렌지 주스를 어떤 비율로 혼합해야 하겠는가?

㉮ 1 : 2　　㉯ 1 : 2.8
㉰ 1 : 3　　㉱ 1 : 4

20. 식품의 건조방법과 그에 적합한 식품이 잘못 열결된 것은?

㉮ 분무건조 - 우유
㉯ 동결건조 - 설탕
㉰ 드럼건조 - 이유식류
㉱ 마이크로파 건조 - 칩(chip)

장재권
· 연세대학교 식품공학과 학사
· 연세대학교 식품생물공학
석사 및 박사
· 해태제과 연구소 근무
· 현) 청강문화산업대학교
푸드스쿨 식품영양전공 교수

식품가공공정 Food Processing Process

인 쇄. 2020년 01월 02일 1판 1쇄
발 행. 2020년 01월 10일 1판 1쇄
2020년 08월 24일 1판 2쇄
지은이. 장 재 권
펴낸이. 윤 용 호
펴낸곳. 석학당 출판사 121-856 서울시 마포구 토정로 222 한국출판 콘텐츠센터 3층 301호
등 록. 2001.10.23. 제10-2238호
전 화. 02)719-6116
팩 스. 02)719-6120
홈페이지. www.shdbooks.co.kr
E-mail. shd6116@chol.com

ISBN 979-11-87621-24-9
가격 15,000원